身近な
美鉱物のふしぎ

川原や海辺で探せるきれいな石、おもしろい石のルーツに迫る

柴山元彦

SB Creative

著者プロフィール

柴山元彦（しばやま もとひこ）

自然環境研究オフィス代表、理学博士。1945年大阪市生まれ、大阪市立大学大学院博士課程修了。38年間、高校で地学を教え、大阪教育大学附属高等学校副校長も務める。定年後、地学の普及のため、自然環境研究オフィスを開設。大阪市立大学・同志社大学の非常勤講師を務めたほか、近年は、NHK・朝日・毎日・産経・よみうりのカルチャーセンターで「天然石探し」「親子で化石探し」「地学散歩」といった野外講座、室内の地学講座を受けもつ。著書に『ひとりで探せる川原や海辺のきれいな石の図鑑』『ひとりで探せる川原や海辺のきれいな石の図鑑2』『宮沢賢治の地学教室』『宮沢賢治の地学実習』（いずれも創元社）などがある。

撮影：柴山元彦、内池秀人 他
イラスト：いぐちちほ
校正：曽根信寿、青山典裕
本文デザイン・アートディレクション：永瀬優子（ごぼうデザイン事務所）

お読みになる前に

本書に写真を掲載した鉱物などの石は、主に川原や海辺で採取、または撮影したものですが、特徴をわかりやすく紹介するため、上記以外で入手した標本も使用しています。一部、立ち入りに許可が必要な場所のものや現在では採取できないものも含まれます。参考にして探したい場合は、「見つけ方の基本」（p.14）や「実際に探しに行くときには」（p.178）などをお読みいただき、地域のルールにしたがってマナーを守り、安全に気をつけてください。本書に掲載されている情報を利用した結果について、著者・編集部は一切の責任を負いません。また情報は2019年9月現在のもので、変更になる可能性があります。

はじめに

アーサー・コナン・ドイルの短編集『シャーロックホームズの冒険』には12の作品が収録されていますが、その半分、6編に鉱物の名前が登場します。『青いガーネット』のように、題名に含まれるものもあります。ただ、青いガーネットは実在しません。その正体は何なのかという、謎の虜となる読者が続出しました。

そして同じ時代の人気作家に、ジュール・ベルヌがいます。彼の長編小説『地底旅行』の主人公は、世界的に有名な鉱物学者の甥。作中、たくさんの鉱物が出てきます。その名を用いながら、岩でできた美しい地下回廊などの様子が語られ、冒険譚に輝きを添えています。

やはり同時代の日本では、子どものころ「石っこ賢さん」と呼ばれた宮沢賢治が、自身の小説や随筆に、鉱物を好んで登場させていました。

これらは19世紀後半や20世紀前半の文学作品です。この時代にはすでに、鉱物が私たちの身近にあり、強い好奇心や憧れをもって扱われていたことがうかがえます。

現在、私たちのまわりでも、多くの鉱物が使われていますが、それぞれが鉱物であることはあまり知られていません。たとえば、電子機器に使われている水晶やサファイアであっても、目にすることはないのです。

しかし実は、ごく平凡な川原にしか見えない場所にも、鉱物は転がっています。日本は山奥まで行かずとも、街に近い川原でたくさんの石ころが見られる、ありがたい国です。

川の上流からいろいろな種類の石が運ばれるので、川原は石の標本箱になっています。そして石は鉱物の集合体ですから、川原にある石からきれいな鉱物を探すことができます。また、サファイアやガーネットなどの硬くて重い鉱物が小さな粒になると、特定の場所に集まってくれるので、川砂から見つかることもあります。さらに下流にあたる海辺でも、同じように探せます。

秋の加古川（兵庫県）で行った鉱物探し

本書では、川原や海辺のような、比較的行きやすいところで見つけた鉱物を中心に紹介しています。それぞれがどんなものであるかだけでなく、どのようにして生まれ、どのように人とかかわってきたかといった、興味深い経緯についても、紙幅の許す限り言及しました。

写真は、実際に川原などで見られる状態やそれに近いものを、できるだけ多く掲載しています。そうでない標本も、特徴や魅力を伝えるために使っていますが、鉱物の種類としては、身近なものがほとんどです。さらに、鉱物に加え、同様に探すとおもしろい化石などの石も紹介しています。

川原や海辺で気に入った石を見つけたら、ルーペを使ってよく見てみましょう。運がよければ、石のくぼみの中に水晶が輝いていたり、表面に埋まった小さな結晶がきらめいていたりします。

たとえ立派な標本でなくても、それが生まれてから、どのような歴史を経て、目の前にあるのかを想像してみるのは楽しいものです。鉱物の音なき声に耳をすませれば、きっといろいろなことを語ってくれるでしょう。本書がその仲立ちになれば、何よりです。

2019年9月　柴山元彦

身近な美鉱物のふしぎ

川原や海辺で探せるきれいな石、おもしろい石のルーツに迫る

CONTENTS

サイエンス・アイ新書

第3章

第4章

第5章

第6章
茶色や褐色の鉱物 ……… 123

第7章
黒い鉱物 ……… 139

第8章
その他 ……… 155

序章　鉱物の世界へようこそ

誕生石であるダイヤモンド、ルビー、サファイア、エメラルド、ガーネット、トルマリンなどの12の宝石は、いずれも科学的には「鉱物」と呼ばれるものです（下の写真）。

ダイヤモンド

ルビー

サファイア

エメラルド

この鉱物の原石をカットして磨いたものが「宝石」です。宝石の原石となる鉱物は、「石」の中に含まれています。そのため、鉱物は、山にある石から人の手で取り出されると思われるかもしれませんが、自然に石から鉱物が外れることもよくあります。

たとえば、石のもろい部分が風化、つまり雨や近くの植物に含まれる酸、寒暖差、凍結などによってくずれ、中の硬い鉱物が姿を現すような場合です。これが川の水で運ばれ、同じような比重の鉱物が特定の場所に集まっていれば、川の砂の中から鉱物をより出すことができます（下の写真）。

ガーネット

砂金

磁鉄鉱

かんらん石

実は身近にある鉱物

鉱物は、川原などで見かける石ころの中にも入っています。石は鉱物の集まりなのです。どのような鉱物が寄り集まって石を作っているかで、石の種類が決まります。

鉱物を知ることは、石を知ることです。鉱物を探したいと思ったら、まずは石の多い川原に出てみるのがいいでしょう。川原は鉱物の宝庫です。

久慈川（茨城県）の川原

川原にあったメノウ

石英。穴の中には水晶がある

鉱物はもっと身近で見ることもできます。前述のように宝石は鉱物ですし、街にそびえる大きなビルの壁や床には、自然石がよく使われています。もちろんこの石も鉱物の集まりです。寺院の庭にある庭石や石碑にも、鉱物を見ることができます。さらに私たちに必要な資源として取り出された金属やレアアースを用いた製品は、身の回りにあふれるように存在しています。現代の生活において、鉱物はなくてはならないものになっています。

さまざまな日用品に鉱物が使われている

どのようにしてできたのか?

　では、鉱物はどこで生まれるのでしょう？　それは、マグマの中です。マグマが地表付近に上昇し、温度が下がっていくと、冷え固まっていく過程で、中に鉱物が現れてきます。

　その他にも、マグマからしみ出した水やマグマで温められた水（熱水）が、周囲の石や地層を変化させて、鉱物ができることがあります。また、マグマの熱によって、周囲の石の中に、新たな鉱物ができることもあります。

　一方、私たちの足元、地球の表面は十数枚の「プレート」でおおわれていますが、このプレートが沈み込むときに、海底の堆積物なども地下に巻き込まれるようにして高い圧力がかかり、鉱物ができることもあるのです。

◈鉱物ができるところ

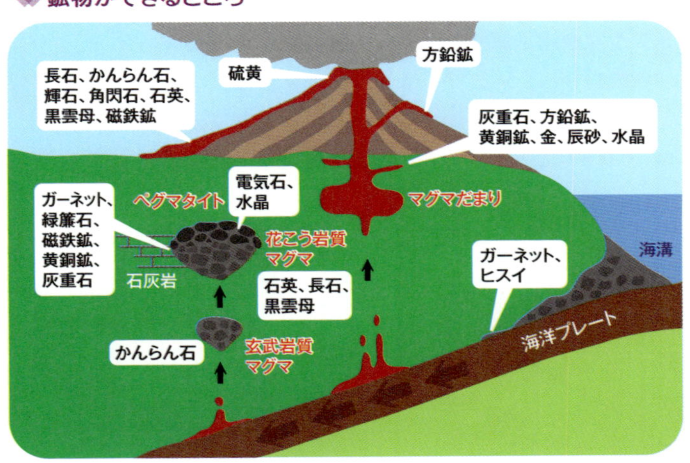

おもな3種類

鉱物の集まりである石。そのでき方は、前述のようにさまざまですが、以下の3種類に大きく分けられます。

マグマが冷え固まってできる石 ➡ 火成岩
水の底や陸地で、水や風で運ばれてたまってできた石 ➡ 堆積岩
もともとあった石が熱や圧力で変化したもの ➡ 変成岩

おのおの、含まれる鉱物やでき方などで、もう少し細かく分類されています。おもなものは以下の通りです。

火成岩

▶ **マグマが地表に噴き出して急に冷え固まった石**
火山岩（流紋(りゅうもん)岩、安山(あんざん)岩、玄武(げんぶ)岩など）

▶ **マグマが地下深くでゆっくり冷え固まった石**
深成岩（花(か)こう岩、閃緑(せんりょく)岩、斑(はん)れい岩など）

◆ 火成岩に含まれる7つの造岩鉱物

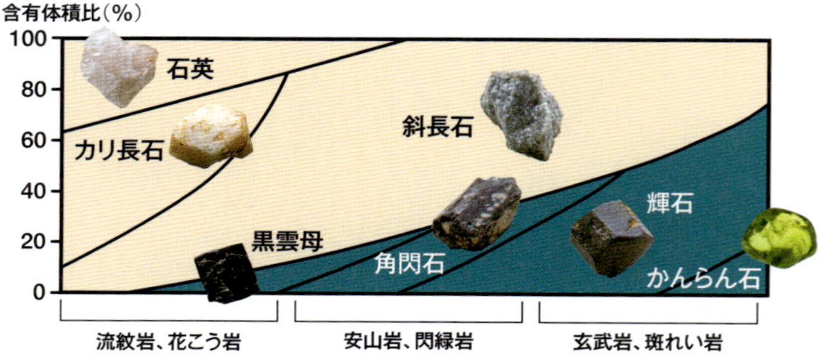

堆積岩

▶石の砕けた粒が集まってできた石

- 泥(でい)岩（粒が $\frac{1}{16}$ mm以下）
- 砂(さ)岩（粒が2～$\frac{1}{16}$ mm）
- れき岩（粒が2mm以上）

▶火山噴出物が堆積してできた石

- 凝灰(ぎょうかい)岩（4mm以下の火山灰が堆積）
- 角(かく)れき岩（火山灰や溶岩片などが堆積）

▶生物の遺骸が堆積してできた石

- 石灰岩（ボウスイ虫、サンゴなどが堆積。主成分は炭酸カルシウム）
- チャート（放散虫(ほうさんちゅう)などが堆積。主成分は二酸化ケイ素）

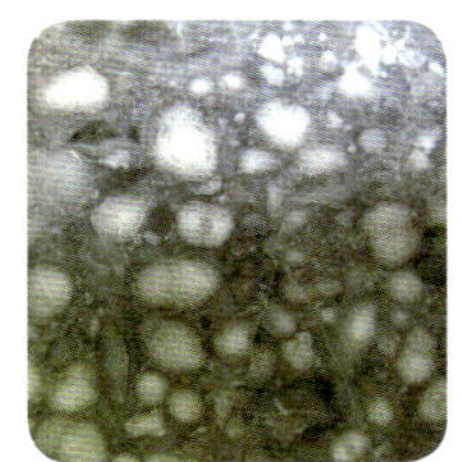

ボウスイ虫（写真の白い部分）は2～3億万年前に栄えた生物。炭酸カルシウムの殻をもっていた

古生代ペルム紀の放散虫。二酸化ケイ素の骨格をもつ
提供：桑原希世子

変成岩

▶マグマの熱で変化した「接触変成岩」

- ホルンフェルス（砂岩や泥岩が変化）
- 結晶質石灰岩（石灰岩が変化。大理石とも呼ばれる）

▶地下深くに押し込まれ圧力で変化した「広域変成岩」

- 結晶片岩(けっしょうへんがん)（いろいろな石が変化）
- 片麻(へんま)岩（いろいろな石が大きく変化）

見つけ方の基本

鉱物を探しに川原や海辺に出ると、たくさんの石が目に入ってきます。その中から自分の見たい鉱物を探し出すためのポイントをご紹介します。

出かける前に

目的の鉱物が見つかりそうな場所を事前に調べておきます(本書やインターネットを参照)。鉱山跡を探す方法もありますが、道がなくなっていたり廃墟になっていたりと、危険なところが多いでしょう。やはり川原や海辺の石が集まったところを候補とするのがお勧めです。

行きたい川原や海辺が見つかったら、そこにつながっている道があるか、事前に地図で確認しておきます。河川改修が進み、人が入りにくくなった川原も増えています。たとえば、下の航空写真は「地理院地図(電子国土Web)」で見られるものです。静岡県の天竜川河口付近の航空写真ですが、堤防の道から川原に下りる道が出ているのがわかります。

なお、川原や海辺で鉱物を探すときにも注意が必要です。急な増水や高波など、突然の危険がないわけではありません。自然の中での活動では、常にいろいろなことに注意しなければなりません。

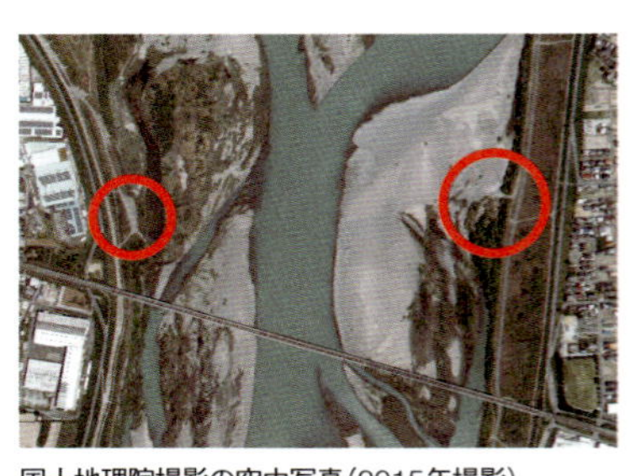

国土地理院撮影の空中写真(2015年撮影)。
中央が、静岡県を流れる天竜川

川原の石から探す場合

1. 色で見分ける

石にはいろいろな色のものがあり、色が違っても同じ名前であることがよくあります。一方、鉱物には、色や光沢で見当がつくものが少なくありません。本書は色別に紹介しています。

金色の黄銅鉱が含まれる石

黒色の鉄電気石

緑色の孔雀石

2. 石に含まれていないか探す

鉱物は石の中に入っているので、目的の鉱物がどのような石に入っているかを調べておきましょう。たとえば、左下の写真の安山岩にある赤い斑点(はんてん)は、ガーネットです。ただ、どの安山岩にもガーネットが入っているわけではなく、流紋岩や花こう岩、あるいは変成岩の中にも見られます。

安山岩の表面。赤い部分がガーネット

石に含まれる鉱物が小さい場合、ルーペで見る。目にほとんどつけるようにして使う

川原の砂から探す場合

1. 砂をルーペで観察

川原の砂を水洗いして乾燥させて、ルーペで見てみましょう。砂はおおよそ鉱物でできており、鉱物以外は石の破片ぐらいです。最もよく見られる鉱物は石英でしょう。黒い光沢のある細かな粒は砂鉄、つまり磁鉄鉱などの鉱物で、磁石を使って取り出すことができます。それ以外にも、場所によっては角閃石や輝石、かんらん石、ガーネットが見つかることがあります。各鉱物については、次章以降で詳しく紹介します。

2. パンニングをして鉱物を集める

パンニングとは、砂を載せた「パン皿」を水中に差し入れて回し、比重の違いで鉱物を分離する作業です。パン皿は、100円ショップにある植木鉢の受け皿で代用可能です。

①パン皿の上にふるいを重ね、スコップで土砂を入れる

②水に沈めてふるいをゆらし、大きな石を取り除く

③パン皿を水に差し入れ、軽くゆらす

④水を入れたまま回し、不要な小石や砂を遠心力で飛ばす

⑤最後に残った比重の大きい鉱物砂

⑥この場合はガーネット(写真の赤い点)が残った

見つけた鉱物の調べ方

見つけた砂や石がどの鉱物であるかを調べるには、見た目だけでなく、以下の特徴や性質を知っておくと便利です。

硬さ（硬度）	鉱物の硬さで種類を絞れることがある。尺度としてよく使われる「モース硬度」は1から10まで。たとえば、10円銅貨でこすると少し傷がつく方解石は「3」、どんなに硬いものでも傷をつけられるダイヤモンドは「10」である。このような基準となる鉱物10種類を使って計測できる
条痕色（じょうこんしょく）	鉱物を粉にしたときの色で区別がつくことがある。鉱物を素焼きの磁器にこすりつけて、線の色を見る。硬度が高くない鉱物に有効
光沢	鉱物によっては、特徴的な光沢をもつ。金属光沢、金剛光沢、ガラス光沢、樹脂光沢、真珠光沢、脂肪光沢、絹糸光沢、土状光沢など
比重	水の密度1g/cm^{3}と比べてその何倍あるかで計算可能。たとえば、金は19g/cm^{3}なので、金の比重は19
結晶の形	鉱物が結晶になっている場合、その規則的な外形がヒントになる。六面体、平行六面体、八面体、六角柱、短柱、長柱、六角板、柱状など
磁性	鉱物には磁性をもつものがある。普通の磁石（フェライト磁石）に引きつけられるのは、磁鉄鉱や磁硫鉄鉱など。また強力な磁石（希土類（きどるい）磁石など）に引きつけられる鉱物は、一部のガーネット（鉄礬（てつばん）ザクロ石（いし））など
蛍光	紫外線を当てると、蛍光（けいこう）を発する鉱物がある。それぞれの鉱物特有の色で発光する。紫外線ライト（インターネットなどで購入可能）で確認できる

鉱物の化学組成による分類

本書ではわかりやすいよう、色別にさまざまな鉱物を解説していきます。学術上は以下のように、化学的に何が含まれているかで分けられているため、その種類も併記しています。

元素鉱物	一つの元素のみでできているもの 自然金（Au）、自然硫黄（S）など
硫化鉱物	金属元素と硫黄Sが結びついたもの 黄鉄鉱（FeS_2）、黄銅鉱（$CuFeS_2$）、方鉛鉱（PbS）など
酸化鉱物	金属元素と酸素Oが結びついたもの 石英（SiO_2）、コランダム（Al_2O_3）、赤鉄鉱（Fe_2O_3）など
ハロゲン化鉱物	金属元素とハロゲン元素（フッ素Fや塩素Clなど）が結びついたもの 蛍石（CaF_2）など
炭酸塩鉱物	炭酸塩CO_3からなる鉱物 方解石（$CaCO_3$）など
タングステン酸塩鉱物	タングステン酸塩WO_4からなるもの 灰重石（$CaWO_4$）など
ケイ酸塩鉱物	ケイ酸塩SiOxからなるもの 長石、角閃石、輝石、かんらん石、雲母など

他に、ホウ酸塩鉱物（硼砂など、ホウ酸塩からなる鉱物）、硫酸塩鉱物（石膏や天青石など、硫酸塩からなる鉱物）、リン酸塩鉱物（燐灰石など、リン酸塩からなる鉱物）があります。

第1章

青い鉱物

日本では3mm大のものが見つかればラッキー

サファイア Saphire

青色

酸化鉱物

9月の誕生石であるサファイアは、青い宝石として高い人気を誇ります。というのも実は、青い宝石や鉱物はあまりないからです。サファイアの他によく知られているのは、ラピスラズリ、トルコ石、水亜鉛銅鉱、青鉛鉱ぐらいでしょうか。

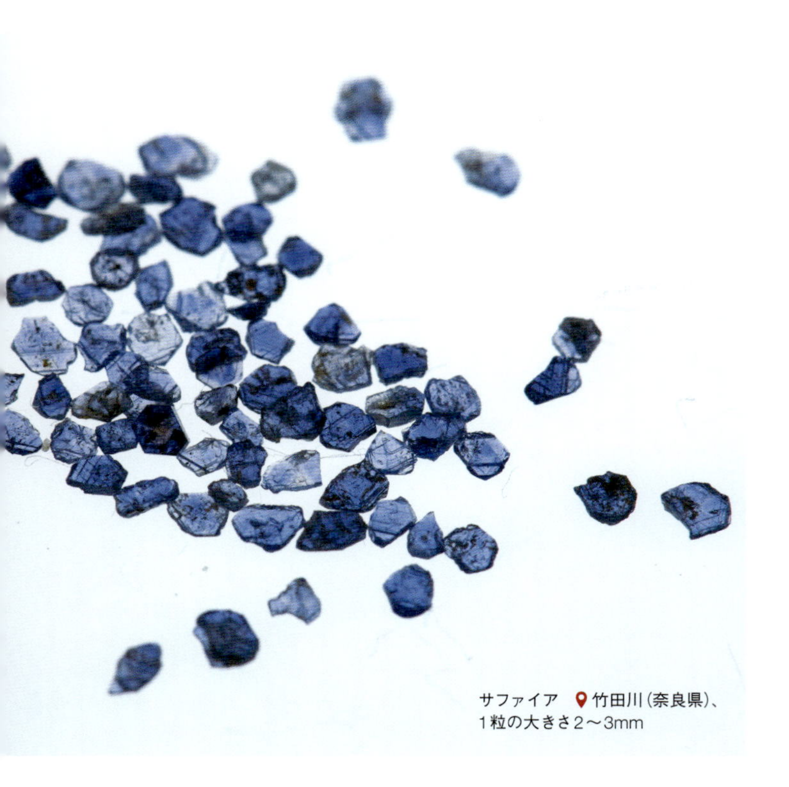

サファイア　竹田川（奈良県）、1粒の大きさ2～3mm

川砂からサファイアを探す　竹田川（奈良県）

きれいな六角形のサファイア　竹田川（奈良県）、1粒の大きさ2～3mm

サファイアと呼べそうな、きれいな鉱物が出るところは、日本にはほとんどありません。コランダムと呼ばれる、少し青みを帯びた灰色で、粒状のものが多いのです。しかし、ガラスのような透明感があってきれいな青色をした、まさに宝石のサファイアが見つかるところがあります。ただし、大きさは1～2mm。まれに3mm大が見つかればラッキーです。場所は、奈良県と大阪府の県境近く。標高517mと474mのフタコブラクダのようにそびえる、二上山のふもとです。

この大阪府側の南河内郡太子町や奈良県側の香芝市穴虫では、江戸時代から深さ10mに及ぶような大きな穴をあけ、谷間にたまった堆積層から砂を掘り出していたといいます。砂と水がともに水平に振動するようなところに流して、砂の中からガーネットをより分けていたのです。田畑を順番に掘っては埋め、ということを繰り返し、金剛砂と呼ばれる、研磨剤にするためのガーネットを採掘していた業者がいくつもあったといわれています。私たちが使うサンドペーパー（紙やすり）には茶色の粒々が見られますが、あれこそ、このガーネットで作られていました。現在ではそのようなことはなくなりましたが、ガーネットはいまだに周辺の川底に見られます。このガーネットを含む砂の中に、ときおりサファイアが見つかるのです。それは六角形の薄い板状をしていて、表面には三角形のような成長線が見られるものがあります。

ただ、まずガーネットを取り出そうとパンニングをすると、その段階で薄い形状のサファイアが流れてしまいやすいのです。探すコツは砂から直接探すこと。まずは砂をもち帰って乾燥させ、サラサラの状態にします。そして、5mm以上の小石をふるいで除き、残った細かい砂をルーペを使って端からゆっくり探していくのです。

青い鉱物なので、あればすぐにわかります。青い色が目に入ったときの感動はなかなかのもので、ついつい時間を忘れて夜なべをしてしまうほどです。

前述のコランダムの産地は日本に10か所ほどありますが、宝石と呼ばれるものは出ません。外国で比較的近い産地といえば、カンボジアやミャンマーが思い浮かびます。カンボジアやミャンマーは、ルビーが出ることでも有名です。実はルビーもサファイアも、コランダムと呼ばれる鉱物で、色が違うだけなのです。赤いものがルビーで、それ以外はサファイアと呼ばれます。

カンボジアでは、川底の砂からルビーとともに、サファイアが見つかります。砂を大きなザルですくい、その中からルビーやサファイアを探すことが行われています。

ミャンマーでは、砂などの堆積層を強力なホースの水で洗い流してからルビーやサファイアをより分けたり、大理石の山に坑道を掘って探したり、といった方法が採られています。このような大理石の鉱山からは大量のずり（不要な鉱石）も出て、山積されていますが、ここを探すとルビーやサファイアの小さなものが見つかります。

カンボジアでの採取の様子。ザルの中に川底の砂利を入れる

大きな石を除いてサファイアを探す

ルビーとともに見つかったサファイア（中央）

カンボジアで地元の人が採ったサファイア

ミャンマーにある、大理石のずり

左写真のずりから見つかったサファイア

語源

英名Saphireは、青を意味するギリシャ語のsappheiros、あるいはラテン語のsapphirusに由来するという。和名は青玉（せいぎょく）で、これも色からきているのだろう。

銅や鉛の鉱山があったところで見つかるかも

青鉛鉱（せいえんこう） Linarite

青色

硫酸塩鉱物

青鉛鉱 野尻川（兵庫県）、大きさ4cm

鮮やかな青色をした青鉛鉱は、鉛と銅の硫酸塩鉱物です。日本でも、銅や鉛を産出する鉱山では、二次鉱物（最初にあった石が変化してできた鉱物）としてよく見つかっていました。

そのような鉱山の多くは閉山してしまいましたが、そこに近い川原の石から、今でも見つかることがあります。たとえば、兵庫県にあった多田銀山という大きな鉱山の近くには、猪名川水系の支流があります。その支流が本流の猪名川に合流して約10km下った川原でも見つかります。しかし結晶になったものはなかなかありません。薄い箔（はく）状のものが多いのです。

青鉛鉱といえば、秋田県にあった亀山盛（きさんもり）鉱山も有名です。田沢湖の西、大仙市の北部を流れる淀川の上流に美山湖がありますが、さらにその上流にあたるところです。黄銅鉱や方鉛鉱が採掘され、柱状結晶の青鉛鉱などの二次鉱物を豊富に産出したことで知られています。ただ、今は整備されておらず、たずねるのはお勧めできません。

青鉛鉱　肝川（兵庫県）、大きさ6cm

青鉛鉱　朝町川（奈良県）、写真左右5cm

語源

英名Linariteは、スペイン・アンダルシア州のLinares（リナレス）が産地であることによる。1882年に初めて種類や名前が確定された。和名は、鉛を含む青い鉱物であることから。

菫青石（きんせいせき） Cordierite

青色など

ケイ酸塩鉱物

菫青石には、「桜石」というきれいな名前のものがあります。菫青石は、泥岩がマグマの熱で変化し、中に含まれていたアルミニウム、マグネシウム、ケイ素、酸素が結びついてできたものです。本来は、透き通った六角形短柱状の結晶ですが、実際、多くは風化して白雲母(p.94)と緑泥石(p.52)に置き換わっています。その断面が、花びらのような形になっているものが桜石と呼ばれ、有名になりました。

桜石　京都府亀岡市、1個の大きさ約1cm

特に京都府亀岡市の山中で見つかったものは、まわりの母岩が風化しており、菫青石の部分だけが単体でぽろぽろと落ちています。これは菫青石が見つかる他の地域では見られない現象で、1922年に国の天然記念物に指定されました（指定地域内での採取は禁止）。

菫青石の「菫」はすみれ色、「青」は青色を意味します。確かに青紫色に見えますが、角度を変えると、枯れ草色にも見えます（下の写真）。これを鉱物の多色性といいます。

語源

英名Cordieriteは、この鉱物の光学的性質を研究したコルディエ（Cordier、フランス）にちなんでつけられた。ただし、もともとはギリシャ語のion（菫色）とlithos（石）の合成語でIoliteと呼ばれていた。和名は、このIoliteの訳語である。

＊菫青石（桜石）は京都府の「県の石」

菫青石　木津川（京都府）、全体の大きさ5cm

菫青石　串小川（福井県）、写真左右12cm

見る方向によって青色（左）や枯れ草のような淡い紫色（右）に見える

探しに行くなら雨の後がねらい目

藍閃石(らんせんせき) Glaucophane

藍色

ケイ酸塩鉱物

石の表面に微細な柱状の藍閃石が見えている　川田川（徳島県）、写真左右12cm

藍閃石は藍色の鉱物です。といっても色には幅があり、紫色から青色までさまざまです。また、粒が細かく、単体ではなかなか見つかりません。玄武岩などが地下深くに押し込まれ、圧力を受けて変化した石（結晶片岩の一種）に含まれています。藍閃石の入った結晶片岩は、藍閃石片岩（青色片岩）と呼ばれます。

もともとは、海洋プレートの沈み込みに影響され、プレートを構成していた岩石やその上の岩石ではぎ取られたものが、温度変化や強い圧力（変成作用）を受けて、広いエリア「広域変成帯」に分布します。藍閃石片岩は、三郡変成帯、三波川変成帯、長崎変成帯、神居古潭変成帯と呼ばれるところなどで見つかっています。

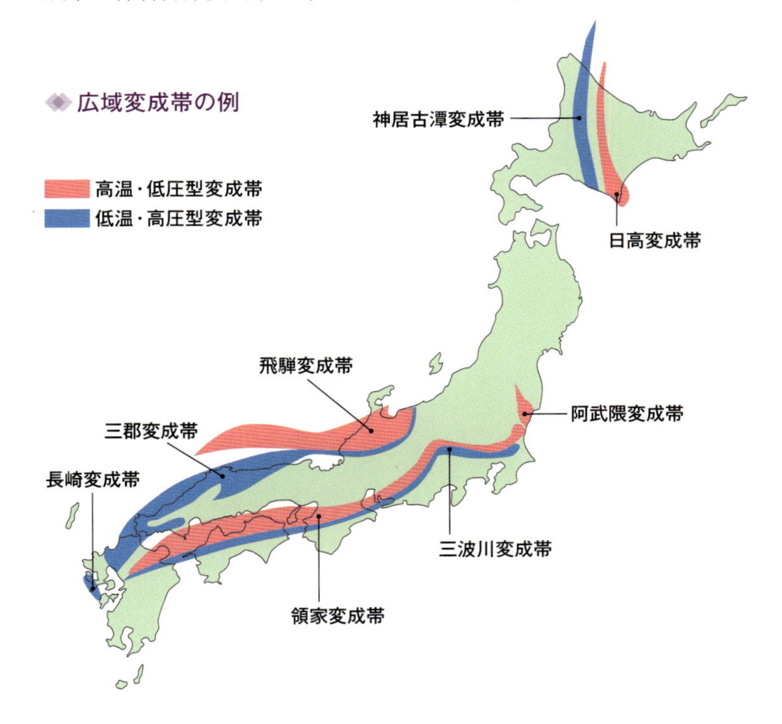

川原では、藍閃石片岩に含まれる藍閃石の青色がはっきり見えず、わからないことが多いでしょう。しかし、雨の後の川原に行くと状況が変わります。石がぬれると、表面が青くなってきて、見つけやすくなるのです。

なお、「〜閃石」という名前がついていて、断面が閃（ひらめ）くように光るケイ酸塩鉱物は、他にもたくさんあります。これらは「角閃石」グループと呼ばれますが、藍閃石はその中の一つです。

青色の部分が藍閃石 川田川（徳島県）、写真左右10cm

藍閃石片岩。主成分鉱物である藍閃石の状態がよくわかる 川田川（徳島県）、大きさ16cm

語源

英名のGlaucophaneは、ギリシャ語のglaukos（青く）、phainesthai（見える）という語に由来している。和名は、角閃石グループで藍色をした鉱物であることから。

第2章

緑の鉱物

Green

古の貴婦人がまとう色

孔雀石（くじゃくいし） Malachite

緑色

炭酸塩鉱物

孔雀石 一倉大路次川（兵庫県）、一番大きいもので4cm

きれいな緑色の鉱物も少ないものです。その中で、孔雀石は鮮やかな緑色をしていて、緑色の鉱物を代表する存在でしょう。

緑色の原因は、孔雀石が含んでいる銅の成分が酸化していることです。銅のさびである緑青（ろくしょう）が緑色をしているのとよく似ています。

見つかるときは、銅を含む鉱石の表面に箔状にできていたり、あるいは繊維状、層状であったり、もしくは塊になっている場合が多いでしょう。結晶が見つかることはほとんどありません。

孔雀石を素焼きの磁器にこすりつけると、同じ緑の条痕色を示し、砕いて粉状にしても緑の粉末になります。そのため古代から、水や油に溶けない着色剤、つまり顔料の材料として使われてきました。クレオパトラがアイシャドウに使ったともいわれ、また高松塚古墳の貴婦人の絵もこの顔料で緑を彩色していたことがわかっています。

映画『クレオパトラ』(1963年公開、エリザベス・テイラー主演)。クレオパトラが緑のアイシャドウを使っていたことは昔から知られている　提供:dpa/時事通信フォト

奈良県にある高松塚古墳の「西壁女子群像」。使われた顔料(岩絵具)のうち、緑色のものは孔雀石が原料である　提供:文化庁(文部科学省)

孔雀石は銅の二次鉱物なので、銅山があった場所の近くで見つけやすいでしょう。下の写真の孔雀石も、そうしたところで探したものです。兵庫県の明延川(あけのべがわ)上流には銅、亜鉛、スズを採っていた明延鉱山があり、同じ兵庫県の猪名川上流には、銀のみならず銅も大量に産出した多田銀山があります。奈良県の四郷川上流には、銅などを採掘していた三尾鉱山があります。そして、秋田県の荒川上流といえば、国内でも最大級の銅山であった荒川鉱山です。

このように、孔雀石が見つかる川原は、その上流に銅山がある場合が多いのです。孔雀石に限らず、あらかじめ川の周辺にどのような鉱山があるかを調べておくと、探すときに目安がつけやすくなります。

◆日本各地の孔雀石

猪名川（兵庫県）、大きさ5cm

明延川（兵庫県）、大きさ1.5cm

大和鉱山（山口県）、大きさ5cm

四郷川（奈良県）、写真左右7cm

さて、同じような銅由来の緑色をもち、水色がかった鉱物に、トルコ石があります。成分としてはリン酸塩で、銅山などで二次鉱物として見つかることがありますが、日本ではまれです。

また珪孔雀石（けいくじゃくせき）も、緑色です。こちらも少し青みを帯びた緑色で、銅の二次鉱物ですが、成分としてはケイ酸塩です。孔雀石のかけらを塩酸に入れると発泡しますが、珪孔雀石は塩酸に反応しないので、これで区別がつけられることもあります。

語源

英名のもとになったのはMallow（アオイ科の植物）で、色が似ていることからこの名がある。和名は、縞（しま）模様が孔雀の羽に似ていることから。

荒川（秋田県）、大きさ2cm

淀川（秋田県）、大きさ4cm

トルコ石　エルデネット鉱山（モンゴル）、大きさ4cm

菱苦土石（りょうくどせき） Magnesite

緑色など

炭酸塩鉱物

菱苦土石の多くは、白色から灰色、黄褐色から淡褐色をしていて、炭酸マグネシウムでできています。しかし、「ニッケル菱苦土石」と呼ばれるものは、きれいな緑色をしています。ニッケルなどを含むことで緑に発色しているのです。

ニッケル菱苦土石は、昔から「長崎ヒスイ」として珍重されてきました。ところが、この石がよく見つかる雪浦海岸の南、三重海岸で本物のヒスイが出ています。

ニッケル菱苦土石（いわゆる長崎ヒスイ）　雪浦海岸（長崎県）、大きさ23cm

このことは、1978年、『地質学雑誌』で地質学研究者の西山忠男が「西彼杵変成岩類中のヒスイ輝石岩」として発表しました。いわゆる長崎ヒスイではなく本当のヒスイが長崎でも見つかったのです。現在、この三重海岸の岩石地帯は、長崎県の天然記念物に指定されています。とはいえ、雪浦海岸の長崎ヒスイも緑が美しいものです。ちなみに雪浦海岸では、蛇紋石（p.46）を含む蛇紋岩も見ることができます。

なお、世界最大の菱苦土石産出国は中国で、さまざまな工業製品の他、運動器具のすべり止め粉などにも使われています。右下の写真は中国遼寧省営口市大石橋の菱苦土石で、ここは大規模に菱苦土石が産出するところとして有名です。

ニッケル菱苦土石の表面を少し研磨したもの　雪浦海岸（長崎県）、左で大きさ4cm

白い菱苦土石　中国遼寧省、大きさ5cm

語源

英名Magnesiteは、成分のマグネシウムからきている。和名は、結晶の外形が菱面体であることと、成分のマグネシウムは苦い味がするため、「苦土」という字を使ったことによる。

数々のハンターが求める日本の国石

ヒスイ Jadeite Jade

緑色など

ケイ酸塩鉱物

ヒスイ　須沢海岸（新潟県）、大きさ3cm

日本人にとって、ヒスイは古くからふしぎと人をひきつける、魅力的な石です。日本の国花といえば、サクラかキクですが、「国石」はヒスイです（水晶といわれる場合もあります）。新潟県の県の石もヒスイです。

新潟県では、5000年前、つまり縄文時代に使われたヒスイの加工物が見つかっています。これは今まで見つかった中で、世界的にも最も古いもので、私たちとの長いかかわりが見てとれます。「ヒスイを探したい、自分で見つけたい」と多くの人が思い、その可能性がある海岸へ向かいます。新潟県の須沢海岸、青海海岸、市振（いちぶり）海岸、親不知（おやしらず）海岸、そして富山県の宮崎・境海岸はヒスイ海岸と呼ばれます。人々がヒスイを求めて向かう先なのです。

これらの海岸にはいつ行っても、なぎさを行ったり来たりする人を必ず何人か見かけます。ヒスイハンターです。しかし、簡単に見つかる様子はありません。それは、ヒスイとよく似た石が多いからです。

ヒスイ海岸と呼ばれるところの一つ、富山県の宮崎・境海岸

泉屋に置かれていたヒスイ。新潟県糸魚川市の大火で破砕されたものが、現在、フォッサマグナミュージアムに展示されている

見分け方が難しいので、結局のところ、本当のヒスイを事前にたくさん見ること、似た石もよく見ておくことしか方法はありません。新潟県に行くなら、糸魚川(いといがわ)市にある「フォッサマグナミュージアム」などに寄っておくといいでしょう。

また、糸魚川市には、ヒスイを売っているお店や飾っているお店もたくさんあります。糸魚川駅近くにある老舗のそば屋「泉屋」の床の間に飾ってあった、紫色と緑色が入ったヒスイ（左の写真）はたいそう美しいものでした。ただ、2016年の糸魚川大火で残念にも割れてしまいましたが、それがフォッサマグナミュージアムに展示されているとのことです。

糸魚川市周辺以外にも、日本各地でヒスイが見つかっています。北海道神居古潭、兵庫県養父、鳥取県若桜、岡山県新見、長崎県三重、熊本県八代、高知県円行寺、静岡県浜松、埼玉県秩父、群馬県下仁田などです。ただ、見つかるのは、正確にいうと「ヒスイ輝石」。宝石になるような、緑の色が入った美しい「ヒスイ」は糸魚川市周辺でしか見つかりません。

ヒスイの色には、緑以外に淡い紫、青、黒、白、赤、橙(だいだい)、黄などがあります。ヒスイはもともと白色ですが、オンファス輝石という鉱物が混ざるときれいな緑になり、鉄が混ざるとくすんだ緑になります。また紫になるのは、チタンを含むからです。赤、橙、黄は酸化鉄、黒は炭質物が入ったことが原因です。

なお、古くはヒスイの一種とされ、「軟玉(なんぎょく)」と呼ばれる緑色の石は、緑閃石（p.50）でできており、まったく別のものです。他に、糸魚川周辺などでヒスイとよく間違われる石をまとめて、きつね石と呼びます。成分としては、ロディン岩と呼ばれるものなどさまざまです。他に蛇紋石（p.46）やチャート（p.175）なども間違えやすい石でしょう。

きつね石　親不知海岸（新潟県）、大きさ4cm

ヒスイ　須沢海岸（新潟県）、大きさ3cm

ヒスイ　青海海岸（新潟県）、大きなもので3cm

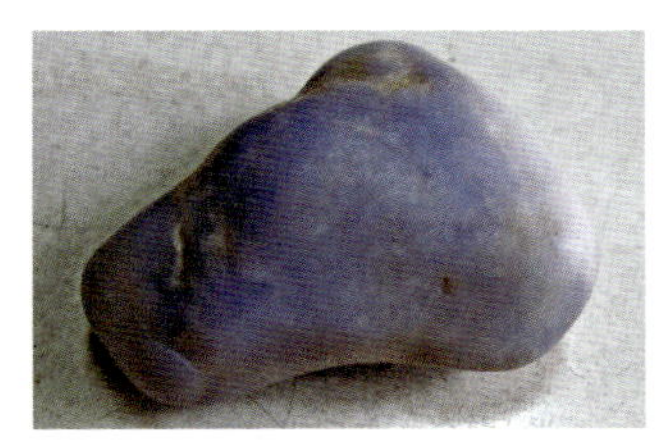

ヒスイ　宮崎・境海岸（富山県）、大きさ2cm

ヒスイ　宮崎・境海岸（富山県）、大きさ3cm

語源

英名のJadeは、スペイン語のpiedra de ijadaで、腹痛の痛みを治す石のこと。Jadeiteはヒスイ輝石と訳される。翡翠（ひすい）は、中国ではカワセミを表す言葉であった。この石がカワセミの緑や白のきれいな羽の色に似ることから、翡翠玉といわれていたと伝わる。

＊ヒスイ輝石岩は新潟県の「県の石」

実は珍しくない石？

かんらん石（せき） Olivine Peridot Forsterite

緑色

ケイ酸塩鉱物

かんらん石は、きれいな緑色をした粒状の鉱物で、ペリドットと呼ばれる宝石でもおなじみです。火成岩を構成する鉱物の一つで、火成岩のうちでもたいてい玄武岩か、かんらん石でできた「かんらん岩」から見つかります。

かんらん石　アリゾナ（アメリカ）、1粒の大きさ3mm

玄武岩は、地表に噴き出したマグマでできた火山岩なので、その噴出があった火山の近辺に行って探すことになります。

たとえば、富士山をはじめ、その南に続く伊豆諸島の大島、三宅島、八丈島などに玄武岩があります。だから、これらの島に海岸があれば、その砂にかんらん石が含まれているのです。かんらん石は比重が他の鉱物より少し大きいので、パンニングでより分けられます。その他にも日本各地に玄武岩は分布しており、下の写真のように石に含まれているものが見られる場合もあります。

かんらん石　高島海岸（佐賀県）、写真左右3cm

かんらん石　アイスランド、中央のもので3mm

かんらん石　幌満川（北海道）、大きさ5cm

右ページの写真にある佐賀県の高島も、日本海側で玄武岩が見つかる場所の一つです。ここの玄武岩には、かんらん石の粒々がまとまって入っています。しかもきれいな緑色です。マグマが地表に吹き出す前に、地下30～410kmの「上部マントル」に多く含まれるかんらん石を取り込み、上昇したのでしょう。捕獲岩と呼ばれるものです。

また、鹿児島県の南端にある開聞岳（かいもんだけ）は、円錐（すい）形の美しい山容で有名ですが、この山も玄武岩でできており、かんらん石を多く含んでいます。ただ、その火山のふもとにある川尻海岸の砂浜は、黒色をしています。これは、真っ黒の磁鉄鉱（p.142）と緑褐色のかんらん石、玄武岩の岩片でできている浜だからです。海岸の砂を手にして磁石を近づけると磁鉄鉱が吸い寄せられ、手のひらに残るのは、ほとんどかんらん石です。ただし、輝石や角閃石も混じっています。

かんらん石のでき方（概念図）

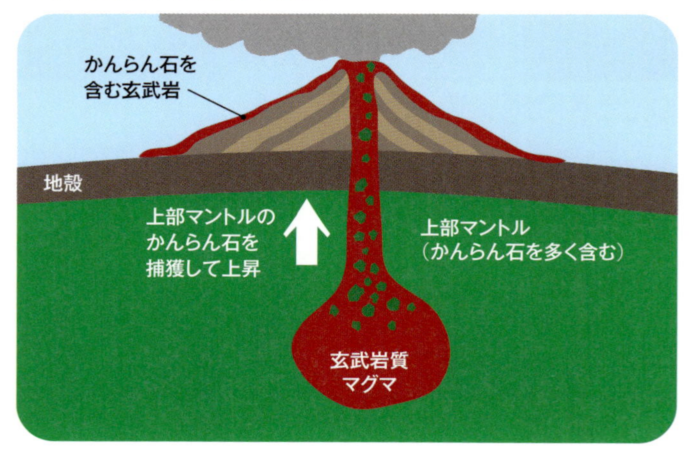

佐賀県の高島。唐津湾の桟橋から、船や海上タクシーで渡る

かんらん石　高島の東海岸（佐賀県）、写真左右7cm

鹿児島県の川尻海岸。開聞岳を臨む。海岸が黒く見えるのは、ほとんどが磁鉄鉱（p.142）とかんらん石でできているため

かんらん石　川尻海岸（鹿児島県）、1粒の大きさ約2mm

語源

英名Olivineは、ラテン語のolivaで、オリーブ色をしていることから名づけられた。和名のかんらん石は、橄欖（かんらん）（カンラン科）の実がオリーブの実と似ていることによる。

＊かんらん岩は北海道の「県の石」

蛇紋石（じゃもんせき） Serpentine

緑色など

ケイ酸塩鉱物

蛇紋石　黒ヶ浜（大分県）、大きさ6cm

表面を触ると、つるっとしたような、つやっとするような、独特の感じがするのが蛇紋石です。名前の由来は、もった感触、あるいは模様が蛇に似ているからといわれています。

その蛇紋石が集まった石は、蛇紋岩と呼ばれます。青黒い色や青緑色などで、もっと少し重く感じます。これは、この石に磁鉄鉱（p.142）が含まれるためで、黒っぽい蛇紋岩は磁鉄鉱の含まれる割合が高く、磁石にくっつきます。

川や海の水の流れによってよく磨かれた蛇紋岩は、色つやもよく、濃い緑が映えます。蛇紋岩を探しに行くと、意外にファンが多いことに驚きます。この何ともいえない色合いにひかれるのでしょうか。

蛇紋石　吉野川（奈良県）、写真左右3cm

蛇紋石　黒ヶ浜（大分県）、大きさ15cm

蛇紋石　雪浦海岸（長崎県）、大きさ15cm

蛇紋石　国領川（愛媛県）、大きさ20cm

蛇紋石 空知川（北海道）、大きさ20cm

蛇紋石 姫川（新潟県）、大きさ10cm

ただ、蛇紋岩には、上の写真2点のように、表面にきな粉をまぶしたようなものもあります。表面が風化していると、このような見え方をするので、もれなく見つけたいときは、緑の石以外にも気をつけなければなりません。

さて、蛇紋岩はかんらん岩が変化したものです。地殻変動によって地表付近まで来たかんらん岩が水と反応し、蛇紋石と磁鉄鉱ができます。なお、このような「蛇紋岩帯」に、ヒスイが含まれることが多いことも知られています。

蛇紋石は鉱物のグループ名で、アンチゴライト、クリソタイル（石綿）、リザーダイトの3種が属しています。右ページ上の写真の蛇紋岩は、暗緑色の部分がアンチゴライトで、黄緑色の部分がリザーダイトでしょう。右ページ下の蛇紋岩では、緑灰色の部分がアンチゴライト、白っぽくて繊維状の部分はクリソタイルです。蛇紋石そのものは黄緑色の半透明なきれいな色をしています。モース硬度が2.5～3.5と柔らかく細工がしやすいので、いろいろな形に加工して楽しむことができます。

語源

英名Serpentineは、ラテン語の「蛇」からきている。和名は前述のように、表面が蛇の模様などに似ていることから。

＊蛇紋岩は岩手県の「県の石」

蛇紋石　戸坂海岸（和歌山県）、大きさ4cm

蛇紋石　空知川（北海道）、大きさ4cm

細長い柱の緑が美しい

緑閃石（りょくせんせき） Actinolite

緑色

ケイ酸塩鉱物

緑閃石の結晶は、きれいなガラス光沢をもった緑色で、細長い柱状をしています。玄武岩などが地下深くの圧力で変化してできること（広域変成）も、マグマの熱で変化してできること（接触変成）もあります。

緑閃石の緑色は、鉄が含まれることによります。その量が多いほど緑が濃くなります。名前に入っている「閃石」の2文字が示すように、角閃石のグループに属しており、透（とう）緑閃石やアクチノ閃石、陽起石（ようきせき）ともいわれます。

緑閃石 青海川（新潟県）、大きさ6cm

日本各地で見られ、たとえば長崎県の三重海岸で見られる緑閃石は、海岸に露出している大きな岩の一面を飾っていて、見事です。その岩から外れ、波を受けて丸くなったものもありました。

一方、左ページの写真のものは、新潟県青海川にあった緑閃石です。そして、この近くの新潟県糸魚川市付近では、緑閃石が繊維状になって絡み合い、全体的に淡い緑色をしたネフライト（軟玉）が多く見つかります。ただ、この場所はヒスイで有名なので、ヒスイとよく間違われます。

違いは硬さです。ネフライトは、ヒスイよりも柔らかいので軟玉と呼ばれるのです。緑閃石自体の硬さはモース硬度で6ですが、ネフライトは微細な緑閃石で複雑に構成されているので、6〜6.5の硬度を示します。ヒスイは、硬度6.5〜7です。

緑閃石　沼島海岸（兵庫県）、大きさ6cm

長崎県の三重海岸では、大きな岩の一面を緑閃石が飾っている

ネフライト（軟玉）　親不知海岸（新潟県）、大きさ6cm

語源

英名Actinoliteは、ギリシャ語のActis（放射光）からきている。緑閃石の結晶が放射状になっている様子が、光の広がる感じに似ているとされる。和名は、角閃石グループで緑色の石であるため。

緑泥石(りょくでいせき) Chlorite

緑色など

ケイ酸塩鉱物

川などでよく見つかる緑泥石は緑色の粉状で、結晶はあまりありません。下の写真は、たまたま岩の割れ目に緑泥石が集まっていたもので、黄緑色の部分は緑簾石（p.54）です。

でき方はさまざまで、堆積岩、変成岩、火成岩などから見つかります。たとえば、火山灰が積もってできた凝灰岩が、約1500万年前をピークとする地殻変動の影響で緑色になった「グリーンタフ」（右ページ3枚目の写真）もその一つです。島根県以北の日本海側に多く分布し、北関東や東北、東海地方の一部でも見られます。

濃い緑色の部分が緑泥石　有田川（和歌山県）、写真左右7cm

他に有名なのは、栃木県の大谷に産する大谷石(おおやいし)で、建築などによく利用されています。石材としては白っぽい色に見えますが、切り出したばかりのものは淡い青緑色をしています。このような緑色になるのは、含まれていた角閃石などの有色鉱物が変質して、緑簾石や緑泥石などに変わったためです。

さて、緑泥石が水晶の中に見られることもあります。「草入り水晶」などと呼ばれるもので、下の写真のように、緑泥石が部分的に見られます。

草入り水晶　長野県川上村

語源

英名Chloriteは、ギリシャ語の「緑」を意味する言葉からきている。和名は、粉にすると緑の泥のように見えることから。

緑泥石片岩　紀の川（和歌山）、大きさ15cm

緑泥石　川田川（徳島県）、写真左右8cm

グリーンタフ　越目浜（島根県）、大きさ16cm

大谷石　大谷（栃木県）、大きさ4cm

すだれのように集まる

緑簾石（りょくれんせき） Epidote

緑色

ケイ酸塩鉱物

中央構造線（p.56の図）より南側にある川原で緑の石を見つけたら、それは、緑泥石を含む「緑泥石片岩」か、緑簾石を含む「緑簾石片岩」であることが多いでしょう。くすんだような緑色をしたものが緑泥石片岩で、黄緑のような明るい色をしたものが緑簾石片岩なので、見分けがつきます。他にも広い地域で見つかる石です。

緑簾石　羽尾海岸（鳥取県）、写真左右8cm

有名なのは、長野県上田市武石で見つかる「やきもち石」で、凝灰岩の中に球形の塊として入っています。全体を割ると、緑簾石がやきもちの中に入ったあんこのように見えることから、この名前がつけられました。1896年、武石尋常小学校校長で鉱物研究者だった保科百助によって発表され、知られるようになったものです。

緑簾石は　褐簾石（p.128）や桃簾石（右下の写真）などを含む鉱物のグループ名で、さまざまな色のものがあります。いずれの名前にも「簾」という字がつき、結晶はすだれのように集まる形が特徴的です。

やきもち石
長野県上田市、
大きさ4cm

語源

英名は、鉱物学者アウイ（フランス）が、結晶の特徴を見て、ギリシャ語で増大を意味する言葉からとった。和名は、結晶が緑色で、すだれのような集合体で見つかることによる。

桃簾石　姫川（新潟県）、大きさ6cm

◆日本各地の緑簾石

猪名川（兵庫県）、大きさ8cm

明延川（兵庫県）、写真左右 8cm

フォッサマグナ

西南日本内帯

関東山地

中央構造線

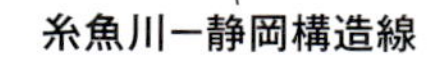

西南日本外帯

丹生川（和歌山県）、写真左右 6cm

関川（愛媛県）、大きさ5cm

吉野川（徳島県）、写真左右 8cm

第3章

黄色の鉱物

Yellow

魅力を知れば逃れられない

砂金（さきん） Placer gold

黄色

元素鉱物

山吹色（やまぶきいろ）をした金（きん）は何とも魅力的です。一度その魅力に取りつかれると、なかなか離れることができません。商業的価値を別にすれば、国内でも自分で金を集められるからです。それは川砂の中に含まれる砂金と呼ばれる金で、道具もパン皿とスコップくらいで済みます。

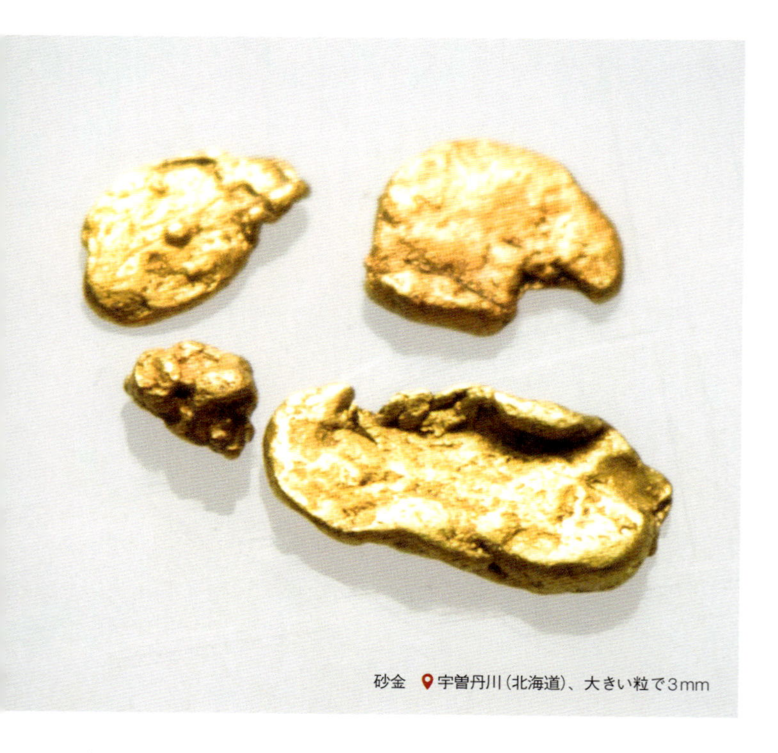

砂金　宇曽丹川（北海道）、大きい粒で3mm

とがったクワのような形をしたカッチャ（長さ50cm）、ユリ板

ユリ板を水中で揺らす

パン皿を使うこともある

私が初めて砂金採りをしたのは20年ほど前。北海道の北端、稚内の少し南にある音威子府村まで行き、そこから国道275号に入って、中頓別町に出ました。この町にも砂金が出る川がありますが、このときはさらに東隣の浜頓別町宇曽丹にあるウソタンナイ砂金採掘公園に向かったのです。初めてのことでもあるので、施設の整ったところでまず体験しようと思いました。

長靴とユリ板、カッチャ（右の写真）を貸してもらい、川の中に入ります。曇っていたせいか、夏にもかかわらず水が冷たかったのを覚えています。ユリ板を足で踏んで川底に沈め、その上に川の砂利をカッチャでかき上げます。ユリ板を水中でゆらし、砂利や砂を流していくと、最後に重い砂金が残るというわけです。できるだけ川砂を底の方からかき上げるのがコツのようでした。2時間もすると冷たさで手がしびれてきて、早々に終了としました。採取できた砂金は6粒でした。

このような伝統的な方法以外に、一般的にはパン皿を使います。前述（p.16）の通り、専用のものでなくても、100円ショップで売られている、植木鉢の下に置く皿のようなもので十分です。

ウソタンナイ砂金採掘公園以外に、北海道で砂金採りを試せる自然河川には、中頓別町のペーチャン川砂金堀体験場、大樹町カムイコタン公園があります。

また、東北地方も、平安時代に奥州藤原氏が平泉に中尊寺金色堂を作ったことに象徴されるように、金が多く産出されたところです。それより前、天平（てんぴょう）の時代には、岩手県陸前高田市竹駒の玉山金山で砂金が採られていたといいます。その産出量も多く、以降各時代の権力者はこの金山を直轄地にし、財政をこの金でまかなっていました。この金山からは、きれいな水晶も多く出ることから、玉（水晶）の山と名づけられました。他にも東北各地には金山跡が残り、今でも砂金が見つかる場所が多くあります。

日本海側では有名なのは、新潟県の佐渡島でしょう。今でも、佐渡西三川ゴールドパークでは、砂金採り体験ができます。3コースがあり、初級は水槽から、中級は人工河川から、そして上級は自然河川から砂金を探します。私は、いきなり上級コースに挑戦し、何とか1粒見つけただけに終わりましたが、中にはいくつも見つける人もいました。

北陸では石川県金沢市（金の沢と書くので砂金が昔から採れたのでしょう）の犀川（さいがわ）中流域でパンニングすると見つかりますが、両岸が崖になっているところが多く、川原に降りる場所を探すのが大変です。さらに西、福井県の足羽川の中流域でも砂金が見つかります。川が曲流している内側で、河床に岩が出ているところが探しどころ。岩の隙間（すきま）に生えている草の根に近い土をパンニン

石川県の犀川。河床に岩が出ている

グすると見つかりました。

関東では東京都昭島市の多摩川が有名です。近畿地方でも砂金が出ている川がいくつかあります。比較的見つかりやすいのが、兵庫県の加古川流域の市場付近で、やはり岩が河床に出ているところです。

福井県の足羽川。ここの河床にも岩が出ている

その他に、自然河川ではなく、水槽での砂金採り体験をさせてくれるところとして、秋田県の尾去沢（おさりざわ）鉱山、宮城県の天平ろまん館、静岡県の土肥金山、兵庫県の生野銀山、愛媛県のマイントピア別子、大分県の鯛生（たいお）金山などがあります。

しかし自然の川でも、日本のいたるところで砂金が採れるといわれています。近くの川でも採れるかどうか、試してみるのもいいでしょう。そのときは、川に出ている岩の隙間にたまった砂、水際の草の根付近の土などがねらい目です。

パン皿を回していて、最後にキラッと光るものが見えると、思わずドキッとしてしまいます。砂金には銀も少し含まれていますが、銀が溶け出してその割合が少なくなっていると、本当に美しい山吹の金色です。金に取りつかれる人が後をたたないわけです。

砂金はどこから

砂金のもとは山にある金（山金、p.98）。マグマの中でいろいろな鉱物ができた後の残りかすである熱水は、二酸化ケイ素（石英）を主成分としているが、その中に金、銀、銅、亜鉛などの金属元素も含まれている。この熱水が石英脈として岩石の割れ目に貫入し、冷え固まって金属鉱物が析出する。このときできた金が風化・浸食され、川に流れ出して川底にたまったものが砂金。

＊砂金は宮城県の「県の石（鉱物）」

火山や温泉の臭いとは別物

硫黄（いおう） Sulfur

黄色

元素鉱物

火山の近くに行くと、独特の臭いがします。温泉でも感じることがあり、硫黄の臭いだといわれます。しかし、硫黄は無臭です。火山で感じるのは、硫化水素の臭いです。長くゆでた玉子の白身からする臭いも同じです。

日本には、黄色の硫黄が生まれつつあるところを見ることができる場所があります。それは火山地帯で、水蒸気を含んだガスが噴き出しているところです。間近に行って見ると、噴気孔の周辺が黄色になっていて、硫黄ができているのがわかります。

硫黄　硫黄山（大分県）、大きいもので8mm

神奈川県箱根の大涌谷(おおわくだに)が有名ですが、2019年現在、噴火警戒のため、立ち入りが規制されています。他には、大分県の伽藍岳(がらんだけ)、秋田県の玉川温泉などが知られています。

一方、硫黄が溶岩のように流れ出るようにして噴火したのが、北海道にある知床硫黄山です。昔からたびたびこのような噴火をしており、前回の1936年には、火口から約20万トンの硫黄が流れ出しました。世界的にも非常に珍しい例です。

またインドネシア・ジャワ島のイジェン山では、火口付近の硫黄が青い炎で燃えていて、その様子を見る観光ツアーがあるほどです。

日本では8世紀頃から硫黄の採掘がはじまりましたが、1970年頃にいずれの鉱山も閉山されています。硫黄は重要な化学製品などの原料なので、現在は石油を精製する際に硫黄を取り出しています。

硫黄　那須山（栃木県）、大きさ1cm

硫黄　恐山（青森県）、写真左右4cm

伽藍岳火口（大分県）。塚原温泉の近くにある

玉川温泉（秋田県）

語源

英名のSulfurはラテン語のsulphuriumに由来し、燃える石を意味する。硫黄の硫は石と流で、火山から流れ出してできる鉱物を指すとされる。黄はその色からきている。つまり、火山から流れ出す黄色の鉱物という意味である。

結晶ファンも多い

黄鉄鉱（おうてっこう） Pyrite

黄色

硫化鉱物

金属鉱物の中で比較的身近で見つかるのが、黄鉄鉱です。ただ、川原にある石の表面に、黄鉄鉱が見られるのはまれです。しかし、茶色にさびたような色の石を割ると、きらきらした金色の黄鉄鉱が顔を出すことがあります。

黄鉄鉱 荒川（秋田県）、写真左右6cm

表面がさびたような茶色になった石を割ると、中から黄鉄鉱が見つかった。中央の光る部分が黄鉄鉱　安曇川（滋賀県）、石全体の横幅13cm

これも表面がさびたように見られる石の角を割ると黄鉄鉱が出てきた。中央の灰色の部分が黄鉄鉱　串小川（福井県）、石全体の横幅6cm

正六面体の黄鉄鉱　スペイン、1個3cm

実物を見ると「金だ!」と思われるかもしれませんが、金が、このような大きな粒として石の中に見られることはまずありません。また、金は山吹色で、黄鉄鉱は少し白っぽい黄色から真鍮（しんちゅう）色です。硬さも異なります。金はモース硬度が2.5、黄鉄鉱は6です。金はナイフ（硬度5.5）で簡単に傷つけることができますが、黄鉄鉱だと傷はあまりつかないでしょう。このように、金との区別は簡単ですが、よく似た金属鉱物がもう一つあります。黄銅鉱です。黄銅鉱も石の中に見られることが多いのですが、黄鉄鉱よりきつい黄色なので区別できます。

黄鉄鉱を川原で探すコツは、前述したように石の表面がさびたような色をしている、少し重い石を割ってみることです。このさび色は石の中に含まれる鉄分などがしみ出して酸化したもので、中に金属鉱物が含まれる可能性を教えてくれます。

黄鉄鉱は硫黄と鉄とからなり、硫黄を鉄より少し多く含んでいます。そのため、黄鉄鉱から硫黄を取り出して、硫酸の原料にしていた時期もありました。

現在そのようなことは行われておらず、工業的価値がほとんどなくなりましたが、鉱物愛好家にとっては、まだまだ価値がある鉱物です。

というのも、黄鉄鉱は結晶の形が美しいのです。正六面体や正八面体、そしてこの鉱物に特徴的な五角十二面体の他、多様なものがあります。たとえば、正六面体、五角十二面体、正八面体の結晶面が集まって、下図中央のような形になります。

そして、この外形の美しさの他にも、黄鉄鉱が好まれる理由があります。

◆黄鉄鉱のさまざまな結晶

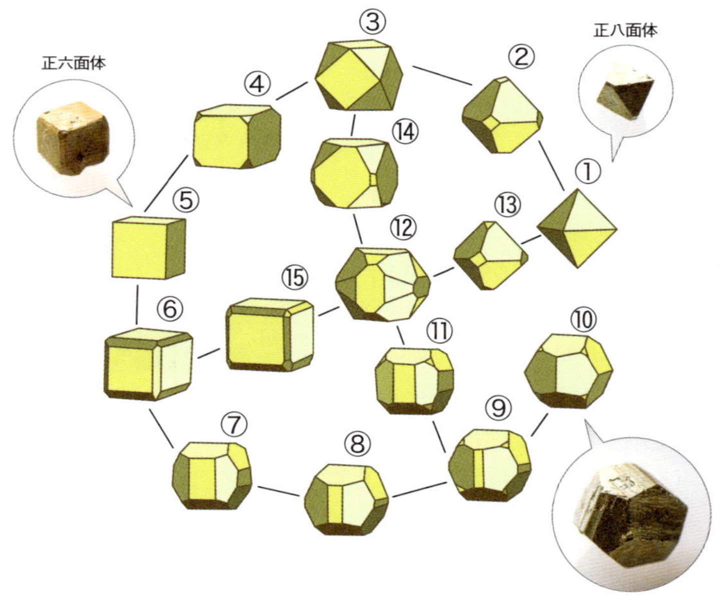

それは、化石が黄鉄鉱になり、きれいに残っているものがあるためです。アンモナイトの化石が黄鉄鉱化したものはよく知られています。下の写真は8cm大の丸い泥岩を割って出てきたアンモナイト化石ですが、淡い黄色に見える部分が黄鉄鉱になっています。他に、二枚貝のような腕足類（わんそくるい）の化石が変化したものなどが見つかっています。

黄鉄鉱が見つけやすいのは、マグマで熱せられた水が岩石の割れ目などに入り込んで変質したり、石灰岩とマグマが混じり合ったりと、さまざまな経緯でできているからです。

黄鉄鉱化したアンモナイト　ネパール、全体の大きさ8cm

語源

英名にあるpyrは、ギリシャ語で火を意味し、〜iteは石を意味する。黄鉄鉱をハンマーでたたくと火花が飛び散ることから、火の石、pyriteとなった。pyrやpyroは火や熱に関係するものの名に使われ、輝石（pyroxene）、苦礬柘榴石（pyrope）、耐熱ガラスのパイレックス（pyrex）などがある。日本では、江戸時代に「火打石」と訳されていたが、明治時代になって「黄鉄鉱」が使われるようになった。

やはり銅山の近くで見つかる石

黄銅鉱（おうどうこう） Chalcopyrite

黄色

硫化鉱物

黄銅鉱と黄鉄鉱はどちらも黄色。しかし、色合いが少し異なり、黄銅鉱の方が濃い黄色で、黄鉄鉱は白っぽい黄色です。並べるとよくわかります。黄銅鉱はその名の通り、銅を含んでいますが、鉄の方が多く含まれ、全体の6割を占めています。ただ、銅の大部分は、この鉱物を利用して産出されています。

黄銅鉱　明延川（兵庫県）、大きさ18cm

川原で探すときは、表面がさびた褐色になっている石に注目し、もってみて重たければ割ってみることです。上流に銅の鉱山があったような場所なら、黄銅鉱である可能性が高いでしょう。

かつて、日本の三大銅山といえば、愛媛県の別子銅山、栃木県の足尾銅山、茨城県の日立鉱山で、その近くにある川の下流で黄銅鉱が見つかっています。黄銅鉱に結晶の形が現れることはまれで、多くはべたっとした塊状をしています。

しかし、秋田県の荒川鉱山では、三角形が集まった形をした四面体の結晶がよく出たことで有名です。

黄銅鉱　荒川（秋田県）、大きさ5cm

秋田県の荒川鉱山付近を流れる荒川

黄銅鉱　古座川（和歌山県）、写真左右7cm

和歌山県の古座川

黄銅鉱　板屋川（三重県）、写真左右6cm

また、銅の鉱山で見られる二次鉱物として、黄鉄鉱の他には、トルコ石（p.35）や孔雀石（p.32）があります。たとえばモンゴルのエルデネット鉱山は古くからトルコ石がよく採れたところで、後世になって試掘をすると、地下に大量の銅の鉱床が眠っていることがわかりました。そこで、1978年頃から採掘がはじまり、2012年時点で年間13～15万トンの銅を掘り出しています。アジア最大の露天掘りの銅山です。

トルコ石　エルデネット鉱山（モンゴル）、大きさ4cm

語源

英名Chalcopyrite（キャルコパイライト）は、ギリシャ語のchalkos（銅）とpurites（火）による。和名は、銅を含む黄色の鉱物であることから。

＊黄銅鉱は栃木県と兵庫県の「県の石」

第4章

白い鉱物

White

全国的に見られる白い石

石英(せきえい) Quartz

白色など

酸化鉱物

川原に出かけたときは白い石をいろいろ見てみましょう。全国ほとんどの川で、石英を探せると思います。このように石英が多いのは、地殻（地球の表層）を構成する元素のうち、一番多い酸素と、次に多いケイ素が結合した「二酸化ケイ素」でできているためです。だから、岩石の中に多く含まれることになり、当然、川原でも多く見られるというわけです。二酸化ケイ素を主成分としたケイ酸塩鉱物を含む石はたくさんありますが、純粋に二酸化ケイ素のみでできている鉱物は石英だけです。

ただし、写真を見ていただいてもわかるように、川原で見られる石英の色や形、構造はさまざまです。

石英　円山川（兵庫県）、大きさ16cm

白いものが多いのですが、淡いベージュ色や淡い紫色のものなどもあります。川原にある石英は、全体的に丸みを帯びていますが、モース硬度7と、まわりにある他の石より硬いので少ししか削れず、もとの形が少し残っています。二酸化ケイ素でできていて、特に透明なものは宝石として扱われ、水晶と呼ばれます。白い石英の表面にあるくぼみに、水晶が見つかることもあります。

資源としての石英を採掘するケイ石鉱山は、現在の日本でも、いくつか稼働しています。これらの鉱山で採掘されたケイ石や石英砂は、ガラスや鋳型の原料として、あるいは建材用、研磨用などに使われています。古くはチャート(p.175)とともに、火打ち石としても利用されていました。

石英　荒川(秋田県)、大きさ10cm

石英　鮎川(茨城県)、写真左右8cm

石英　安倍川(静岡県)、大きさ17cm

石英　安曇川(滋賀県)、写真左右10cm

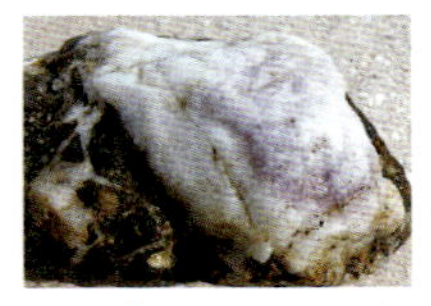

石英　円山川(兵庫県)、大きさ5cm

石英　川内川(鹿児島県)、大きさ12cm

語源

ドイツではあまり品質のよくない水晶をQuartzと呼び、石英として使ったといわれている。中国では、水晶やメノウなどを含めて石英と呼んでいた。石英の英は、花や花房を意味する。Rock Crystalを水晶、Quartzを石英の訳語としたのは地質調査所初代所長であった鉱物学者の和田維四郎で、1878(明治11)年のことである。

その白さが尊ばれた石

玉髄（ぎょくずい） Chalcedony

白色など

酸化鉱物

玉髄は写真のように淡く白色がかった半透明の鉱物ですが、石英が集まったもので、同じ化学組成、つまり二酸化ケイ素でできています。細かい繊維状の石英が緻密に寄り集まることで、独特な見た目となっています。

安山岩や流紋岩の隙間にできることが多く、それらが分布する地域の川や海岸で見つかります。石英と同様に硬度が7と硬いため、まわりの岩石部分は風化したり削られたりしてなくなっても玉髄の部分だけが残り、海岸の砂利の中で見つかることもあります。そのため、特に火山岩が多く分布している日本海側、山陰海岸や北陸から東北の海岸を歩いていると、玉髄に出合います。

玉髄 玉川（茨城県）、大きさ12cm

玉髄を見つけるには、まず白い石を探します。同じく白い石英との違いは、半透明で脂肪の塊かバターのような光沢（脂肪光沢）をもつことです。石英なら、割れ口が、細かいきらきらとしたガラスのような光沢を示します。また、玉髄の表面には、ぼこぼことした半球状のふくらみが見られることがあるのも特徴です。さらに、右のどの写真にも見られるように、表面が白く風化していることが多いのも特徴です。

玉髄を磨くなどして加工すると、半透明の淡い白さをもつ、きれいな石になります。かつては、丸い小粒の玉髄を海岸で採取し、仏舎利（釈迦の骨）の代わりに仏塔へ納めることも行われていました。特に青森県の袰月海岸のものが珍重されたようです。

また、玉髄の中にはそろばん玉の形をしたものがあり、「そろばん玉石」と呼ばれています。京都府の久美浜や山形県の小国で見つかっており、小国のそろばん玉石は、県の天然記念物に指定されています。

語源

英名は、古代ギリシャの都市Chalcedonに由来するとされる。和名は、火山岩の空隙に円柱状の玉髄が見られることがあり、骨髄のように見えたことからつけられた。

＊そろばん玉の形をした玉髄は山形県の「県の石（鉱物）」

玉髄　音更川（北海道）、大きさ15cm

玉髄　袰月海岸（青森県）、左右13cm

玉髄　鮎川（茨城県）、写真左右13cm

玉髄　桂島（島根県）、大きさ3cm

そろばん玉石　久美浜（京都府）、大きさ1cm

メノウ Agate

白色など

酸化鉱物

メノウと玉髄は同じものです。縞模様があれば、メノウと呼ばれます。やはり二酸化ケイ素でできていて、火山岩の中にある空洞にできることが多いのですが、そこから外れて川原や海岸にあるときは、ほとんどの場合、単独で転がっています。

メノウ。地下水に含まれる鉄分の影響を受け、橙色になっている 玉川(茨城県)、大きさ6cm

火山岩の内部で、二酸化ケイ素に富む溶液が冷え固まっていく際、不純物によって縞模様ができます。白と灰色の縞模様が最も多いのですが、商品として売られているものには、もっと鮮やかでカラフルなものがあります。これは商品価値を高めるために染色、あるいは着色したものです。

メノウを探すには、玉髄が出る場所に行くとよいでしょう。火山岩の中でも特に流紋岩、そして多孔質のもの、中に球状のまとまり（球顆）を伴うようなものに含まれることが多いのです。

メノウ　荒川（秋田県）、大きさ10cm

メノウ　玉川（茨城県）、大きさ9cm

流紋岩の空洞中にできたメノウ　浅野川上流（石川県）、写真左右15cm

メノウ　小矢部川（富山県）、大きさ4cm

語源

英名Agateの語源は、ギリシャ語のachatesとも、この鉱物が採れたシシリー島（イタリアのシチリア島）の川の名前ともいわれ、定かではない。和名のメノウ（瑪瑙）は、1960年代の書籍にこの漢字が見られ、馬の脳の赤い縞模様に似ているからだという。

花のような模様が印象的

ドーソン石（せき） Dawsonite

白色

炭酸塩鉱物

ドーソン石は、ナトリウムやアルミニウムを含む鉱物です。白く細かい針状の結晶が放射状の模様になっており、絹糸状の光沢があります。堆積岩を割って見つけることが多いでしょう。

このドーソン石を、化石とともに探せる場所が、大阪府と和歌山県の県境にそびえる和泉山地です。ここは、和泉層群と呼ばれる中生代の地層が多く、その泥岩層などにアンモナイトの化石が含まれています。アンモナイトを探すために泥岩や砂岩を割っていると、この白い鉱物が表面に出てくることがあります。

ドーソン石 昭和池（大阪府）、大きさ5cm

ドーソン石 紀の川（和歌山県）、写真左右7cm

語源

英名のDawsoniteは、この鉱物が見つかった場所がカナダのマクギル大学の構内で、この大学の学長であった地質学者のドーソン（John William Dawson）にちなんで命名された。和名は英名からきている。

＊ドーソン石は大阪府の「県の石（鉱物）」

石灰石や大理石としておなじみ

方解石（ほうかいせき） Calcite

白色

炭酸塩鉱物

石英とよく似た白色をしていますが、方解石はきれいな平行六面体に割れ、石英より柔らかく傷つきやすいので区別できます。ナイフでこすると石英には傷がつきませんが、方解石には傷がつきます。方解石は炭酸カルシウムでできていて、酸に反応しやすく、酢などをたらすと泡が出るのも特徴です。

方解石　梓川（長野県）、大きさ3cm

また、印刷物の上に透明度が高い方解石を置いてみると、文字が二重に見えます。物質に入ってきた光が出ていくときに二つに分かれる「複屈折」は多くの鉱物に見られますが、方解石は特にその度合いが大きく、文字がずれる幅が大きいのです。

文字が二重に見える

方解石には六面体の結晶の他、小粒な結晶が集まったものがあります。粒が細かいものは、大理石（結晶質石灰岩）と呼ばれます。柔らかく加工しやすく、石材としてよく使われています。他に、爪状のものが集まったような方解石もあります。鍾乳洞（しょうにゅうどう）でよく見られる、つらら状の鍾乳石も方解石の集まりです。

方解石　梓川（長野県）、大きさ2cm

方解石　板屋川（三重県）、大きさ3cm

方解石　千曲川支流（長野県）、大きさ4cm

方解石　久慈川（茨城県）、大きさ12cm

脈状の方解石　三ノ岳（福岡県）、写真左右25cm

爪状方解石　賀茂川（愛媛県）、写真左右6cm

岐阜県の関ヶ原鍾乳洞にある鍾乳石

英名のCalciteはラテン語のCalcit（石灰）からきている。焼くと石灰が生じるためである。和名は、割ったときの平行六面体の形から名づけられた。

霰石（あられいし） Aragonite

白色

炭酸塩鉱物

霰石とは、きれいな名前です。“あられ”と聞くと、色とりどりのあられもちを連想したり、空から降ってくる氷の粒のような霰を想像したりするでしょう。鉱物の“あられ”もさまざまな形で現れ、あられもちのようなものから柱状のものまで、美しい色や形のものがあります。

霰石　水晶谷（三重県）、大きさ6cm

ものによっては水晶のように見えることから、産地の一つ、三重県伊勢市には、古くから水晶谷と呼ばれている場所があります。しかし、実際には水晶ではなく、霰石が転がっている谷です。また、ここから北へ行った鈴鹿トンネルの工事中にもきれいな霰石が出たことがあります。

霰石は、炭酸カルシウムでできているのは方解石と同じですが、結晶構造が異なります。方解石と霰石は、低圧下でできる石墨(p.140)と、高圧下でできるダイヤモンドに似た関係にあります。

このようなものを「同質異像」といい、方解石が低圧で、霰石は高圧の環境でできます。

実際に、霰石は方解石より硬く、比重も大きいことで区別します。決まった方向に割れやすく、そのへき開面は1面で、方解石の3面より少ないです。

霰石　水晶谷(三重県)、大きさ4cm

蛇紋岩に入った脈状の霰石　水晶谷(三重県)、写真左右10cm

語源

英名のAragoniteは、スペインのAragonó(アラゴン)州で多く産出したことからついた。日本では、霰のような球形をしていて霰石と呼ばれていた鉱物が、Aragoniteだと思われていたことがあった。後に、それが方解石であることがわかったが、霰石の名は使い続けられている。

＊霰石は石川県の「県の石(鉱物)」

レアメタルを有する重い石

灰重石（かいじゅうせき） Scheelite

白色

タングステン酸塩鉱物

紫外線を当てて灰重石の部分を光らせたもの。右上は白色光下で見たもの
山口県岩国市、大きさ13cm

灰重石は、名前の通り重い鉱物で、比重が6もあります。川原にある石をもって重く感じたら、できれば、紫外線ライトを向けてみましょう。紫外線に反応して青白く光るのが灰重石です。

下の写真のものが見つかったのは、レアメタルの一つ、タングステンを採掘した鉱山があった場所の近くを流れる川原（谷間）です。紫外線を当てると光り、日の光の下で見ると白い部分があり、灰重石とわかりました。このように石の中に粒として入っていることが多いのですが、結晶は正八面体をしています。

灰重石はタングステンを取り出すためによく使われ、第二次大戦中に盛んに探索されました。鉄との合金にすると強度が増す性質を利用して、砲身や戦車の装甲板などに使うためです。現在でも、その硬さをいかした研磨材料をはじめ、幅広く使用されています。

左の石に紫外線を当てると、右の拡大写真のように光る灰重石の部分がある　石澄川支流（大阪府）、大きさ12cm

語源

英名のScheeliteは、灰重石中のタングステンを見つけたシェーレ（Scheele、スウェーデン）にちなんでつけられた。日本では、鉱物に含まれる化学成分のカルシウム（灰）とタングステン（重）を合わせて命名されている。

白色など

ケイ酸塩鉱物

オパール Opal

オパール 宝坂（福島県）、大きさ6cm

10月の誕生石であるオパールは日本人に好まれる宝石です。特に、乳白色の石から、青色や赤色の光がきらきらまたたくように見えると、何ともいえない、ふしぎな感覚になります。石の中で火がちらちら燃えているようにも感じられ、これを「オパールの火」といい、専門用語では「遊色」といいます。

宮沢賢治は童話『楢ノ木大学士の野宿』で、オパールを紹介しています。主人公の楢ノ木大学士は「宝石学」の専門家で、立派なオパール、つまり「たんぱく石」を探してほしいという依頼を受け、山に探しに出かけます。石はなかなか見つからず、3晩野宿をし、そのたびに地学に関係するふしぎな夢を見るという物語です。結末では、大学士があまりよくないたんぱく石ばかりを30個ほどやっと集めて、依頼人をたずねます。

大学士は、依頼人の前で石を取り出す前に、立派なものだから、すっかりくもってしまっているかもしれない、たんぱく石は変わりやすいものだと話し、次のような言い訳を続けます。

「今日虹のやうに光ってゐる。あしたは白いたゞの石になってしまふ。今日は円くて美しい。あしたは砕けてこなごなだ。そいつだね、こはいのは。」

これはオパールの特徴をよく表しています。オパールは、結晶になる鉱物とは異なり、規則正しい構造をもたない「非晶質」です。しかも水分を含んでいるので、乾燥するとひびが入りやすく、遊色も消えてしまいます。

大学士はオパールをリュックサックにそのまま入れていましたが、現代なら保存するとき、水の中に入れておきます。宝石として売りたいときは、十分乾燥させ、ひびが入らなかったものだけを使います。

日本には、遊色が見られるようなオパールが見つかる場所が少ないのです。福島県の宝坂のものが唯一、宝石になるようなものでした。遊色があまり見られず卵の白身のような乳白色をしたものは、石川県赤瀬、愛知県棚山などで見つかっています。また温泉沈殿物としてのオパールは、各地の温泉で見られます。

日本では、オパールを含んだ石が、流紋岩から見つかる例が多く、でき方はこうです。まず、流紋岩となる溶岩が冷え固まる直前、内部にそろばん玉形や球状の空間ができることがあり、その部分を包み込むように球状の塊（球顆）が作られます。次に、中の空間をケイ酸質の溶液が満たし、ケイ素の粒子が水の分子と混じり合った状態で沈み重なります。これがオパールです。玉髄（p.74）やメノウ（p.76）も、ケイ酸質の溶液が冷えるときにできるので、オパールに伴って見つかることが多いでしょう。

森下川（石川県）、写真左右8cm

大杉谷川支流（石川県）、大きさ9cm

そろばん玉形の球顆
小矢部川上流（富山県）、大きさ10cm

◆日本各地のオパール

谷川上流（愛知県）、大きさ6cm

谷川（愛知県）、大きさ3cm

谷川（愛知県）、大きさ3cm

谷川上流（愛知県）、大きさ6cm

狩野川（静岡県）、中央部分左右7cm

谷川（愛知県）、大きさ4cm

語源

インドのサンスクリット語で宝石を意味する、upalaという言葉がもととされる。古代、オパールはインドからヨーロッパへ伝わったといわれる。たんぱく石は、すべて漢字で書くと蛋白石。蛋は鳥の卵を意味し、固まった玉子の白身のような色合いから、和田維四郎が名づけた。

紫式部も見たかもしれない?

珪灰石(けいかいせき) Wollastonite

白色

ケイ酸塩鉱物

滋賀県琵琶湖の南にある石山寺は、奈良時代に聖武天皇によって開かれた、真言宗の寺です。平安時代、宮中の女性がこぞって訪れ、紫式部もこの寺で源氏物語の着想を得たとされています。この歴史ある寺の名前は、大きな珪灰石が境内にあることに由来します。

滋賀県の石山寺。大きな石灰岩や珪灰石の上に多宝塔が立つ

1922年(大正11年)、国の天然記念物に指定されたこの巨石は、石灰岩が、ケイ素などを含むマグマの熱を受け、変化することでできています。この接触変成作用を受けた石灰岩の一部をよく見ると、珪灰石の結晶が確認できることがあります。白色で、繊維状の結晶が放射状に見られたり、柱状のものが集まったりしていることが多いでしょう。

また、花こう岩の採石場やその周辺で見られることもあります。たとえば、茨城県笠間市で産出される「稲田石」という花こう岩に接する石灰岩にも、珪灰石がよく含まれています。

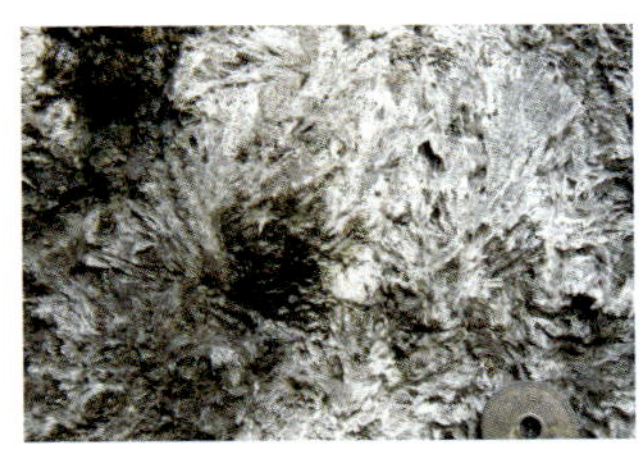

左ページの巨石表面に見られる、珪灰石の放射状の結晶

珪灰石　フィンランド、大きさ4cm

語源

英名のWollastoniteは、鉱物学者ウイリアム・ウォラストン（William Hyde Wollaston、イギリス）にちなんで命名された。和名は、この鉱物の化学組成が$CaSiO_3$であり、ケイ酸カルシウム（灰）を主成分とすることから。

ほとんどの岩石に含まれる

長石（ちょうせき） Feldspar

白色

ケイ酸塩鉱物

長石には多くの種類があります。しかもほとんどの岩石に含まれていて、最も普遍的な鉱物のグループといってよいでしょう。どこの石にも含まれるので、あまり意識されることがないのですが、単体で、二つの形が合わさった双晶（そうしょう）になっていると注目されます。下の写真は、その中でも「カルスバッド式双晶」といい、直方体の結晶が二つ異なる方向に重なったものです。

長石の双晶　和歌山県太地町、大きさ1cm

また、火成岩の中で、白い長方形の斑点となっていることもあり、それが1cmぐらいあると目立つので、わかりやすいでしょう。

長石には、ナトリウムを多く含む曹長石、カルシウムを多く含む灰長石、ナトリウムとカルシウムの両方がほぼ同じ割合で含まれるラブラドル長石などがあります。ラブラドル長石には、青っぽい虹のような遊色が見られます（ラブラドル効果）。この長石を含む石は石材に使われており、各地のビルの壁材や床材として利用されています。他に、美しいものはラブラドライトという名前で、宝石ではありませんが、装飾品などに使われることもあります。

語源

英名のFeldsparは、スウェーデン語のFeldt、あるいは英語のFieldとSparで、堆積物内でよくへき開している石を意味する。和名の長石は、長柱状の結晶の外形による。

長石　阿武隈川（福島県）、大きさ5cm

白い斑点部分が長石　由良川（京都府）、大きさ12cm

白い斑点部分が長石　野洲川（滋賀県）、大きさ15cm

兵庫県三宮地下街の床。ラブラドル効果で青く光る

ゆっくりできた輝きをもつ石

白雲母（しろうんも） Muscovite

白色など

ケイ酸塩鉱物

白雲母は黒雲母（p.148）と同じく、火成岩を構成する鉱物の一つですが、黒雲母ほど目立ちません。色が白いことが多く、黒雲母より川原では見つけにくいのです。しかし、石の表面がきらきら輝いている場合は、白雲母が原因である場合が多いので、目にしやすいでしょう。さらに、細かい絹糸状で輝いているものは絹雲母と呼ばれています。他におもな特徴として、白雲母などの雲母類は、薄くはがれる性質をもっていることがあげられます。

光っている部分が白雲母
木津川（京都府）、大きさ4cm

大きな結晶の白雲母が、花こう岩の中に見られることがあります。マグマが冷え固まる際、その中に空間ができてケイ酸質の溶液が入り込み、大きな結晶となるもので、白雲母だけでなく、長石や黒雲母の結晶が見られることもあります。なお、このように大きな結晶ができている花こう岩を「ペグマタイト」といいます。

また、白雲母の色は白だけでなく、褐色のものや、クロム由来の緑色を発しているものもあります。

白雲母は耐熱性と電気を通さない性質があるため、かつてはアイロンの内部や真空管などにも使われてきました。細かな絹雲母は、塗料や化粧品の材料として利用されています。

ペグマタイトのでき方（概念図）

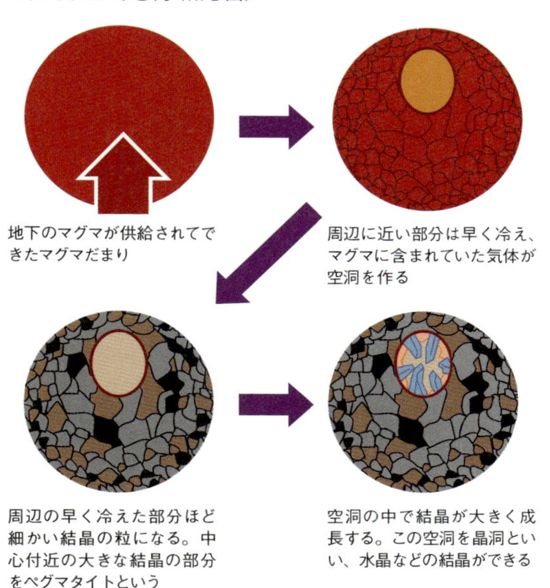

白雲母　木津川（京都府）、写真左右7cm

白雲母　青山川（三重県）、写真左右4cm

白雲母　服部川（三重県）、写真左右10cm

密集している白雲母　木津川（京都府）、大きさ4cm

緑色を発している白雲母　金原川（長野県）、大きさ5cm

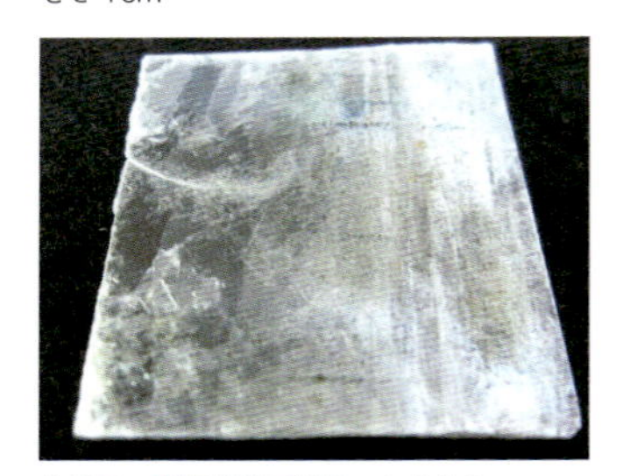

白雲母　福島県石川町、大きさ3cm

語源

英名Muscoviteは、ロシアのウラル地方で採掘されたものがモスクワを経由して他の地域に広がっていることからついた。和名の雲母は、中国で雲のわき出る付近を探すと見つかることから、雲のもと（母）とされていたことによる。

金の町で活躍している石

金鉱石（きんこうせき） Gold ore

白緑色

鉱石

含金石英などを含んだ金鉱石
鹿児島県南さつま市坊津町坊、大きさ6cm

金鉱石は、その名の通り、金を含んだ石です。白い石英が板状で帯のように分布しているところ（石英脈）を探すと、黒い筋が入った部分が見つかることがあります。ここに金が多く含まれているのですが、それでも、肉眼でその山吹色を確認できる大きさの粒になっていることは、まずありません。

前述の砂金（p.58）は川で採れるのに対し、金鉱石は「山金」と呼ばれることもあります。金などの金属を含む熱水が、岩石の割れ目に入り、冷え固まったものです。

これが見つかるところとして特に有名なのが、鹿児島県伊佐市の菱刈鉱山です。日本の金属鉱山はほとんど閉山した中にあって、唯一、現在も稼働している鉱山といっていいでしょう。

菱刈鉱山における金のでき方（概念図）

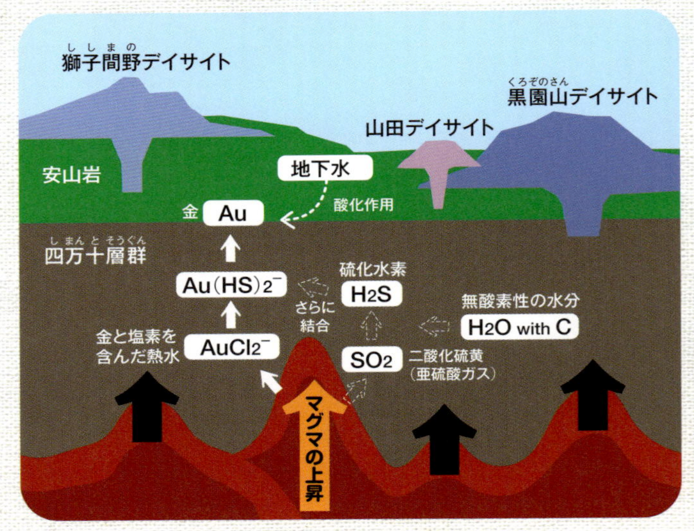

＊デイサイトとは火山岩の一種で、安山岩と流紋岩の中間の成分でできている
出所：古澤美由紀、根建心具「菱刈金鉱床地域のデイサイトの塩素の地球化学」（「資源地質」62<1>、pp. 1〜16、2012年）をもとに作成

菱刈鉱山では1985年から採掘がはじまり、2016年3月までに金224.2トンが掘り出されました。現在でも、年間7トンの金を産出しており、それは、金鉱石1トンに平均30～40gの金が含まれていることによります。一般には、金の含有量が約3～5g／トンとなっている石が出たら採算が合うといわれているので、驚くべき割合です。

その近く、すでに廃線になったJR山野線の湯之尾駅があったところは、1988年から記念公園となっており、大きな金鉱石が置かれています。これも菱刈鉱山から採掘されたもので、当時、金鉱石における金の含有量は55g／トンと、世界的にもトップクラスだったのです。

ここから少し行ったところにある、ひしかり交流館（p.100）の中にも金鉱石が展示してあります。また、同館近くには湯之尾温泉の旅館が数軒ありますが、その湯は菱刈鉱山内でわき出しているものをパイプで送湯しています。まさに金の町なのです。

鹿児島県伊佐市にある湯之尾桜の駅公園の一角。左の2つの石、右の大きな石が金鉱石

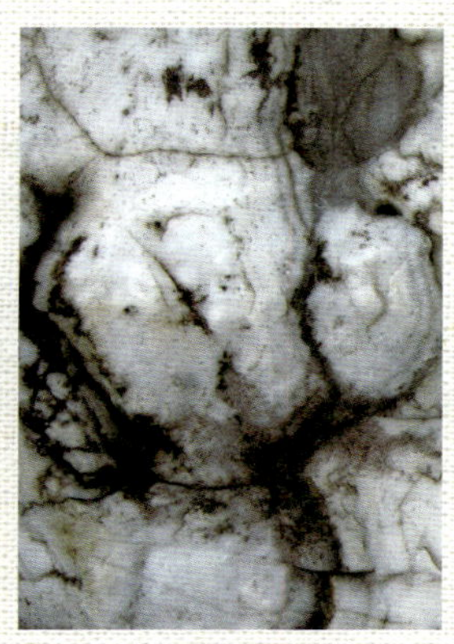

左写真の大きな石を一部拡大
鹿児島県伊佐市、写真左右4cm

ひしかり交流館に展示されている金鉱石
鹿児島県伊佐市、高さ約50cm

土肥金山資料館に展示されている金鉱石
土肥金山（静岡県）、高さ約50cm

金鉱石　福島県伊達市、大きさ3cm

語源

英名Gold oreの「ore」は鉱石のことで、和名はその直訳である。なお、金の元素記号Auは、ラテン語で光り輝くものという意味をもつaurumに由来する。

＊金鉱石は鹿児島県の「県の石」

第5章

赤い鉱物

鮮やかな橙色にご用心

鶏冠石（けいかんせき） Realgar

赤色

硫化鉱物

下の写真のように、鮮やかな橙色をした鉱物が、鶏冠石です。三重県を流れる櫛田川（くしだがわ）の河床に出ている岩の中で、橙色の細い脈状となっていました。削り出したときは鮮やかな橙色ですが、光や高い湿度にさらされると、同質異像であるパラ鶏冠石に変化し、黄色になります。そのため、川原で見られる鶏冠石の表面は黄色ですが、そこを削ると鮮やかな橙色が見えます。

鶏冠石　櫛田川（三重県）、写真左右3cm

この他、群馬県下仁田の西牧(さいもく)鉱山の鶏冠石が有名ですが、現在その産地での採集は禁止されています。しかし、その近くの下仁田町自然史館に行くと、たくさん標本が展示されているので、そこで見るといいでしょう。もう一つの産地は青森県下北半島の恐山で、噴気孔近くや温泉沈殿物として石黄(せきおう)などと一緒に見られます。

ただし、鶏冠石はヒ素の硫化物です。素手で触らず、体内に入らないようにしてください。加熱も危険です。にんにく臭がして、有害な白煙が出ます。ただ、近年でも硝石と混ぜ合わせることで、花火の材料に使われています。

櫛田川の川原に露出している石。鶏冠石が脈状に含まれている

鶏冠石　櫛田川（三重県）、大きさ3cm

語源

英名のRealgar（リアルガー）は、アラビア語で鉱石の粉末を意味するRahjal lgharからきているとされる。和名は、その色が鶏のとさかに似ていることから。

＊鶏冠石は群馬県の「県の石（鉱物）」

水銀鉱山で採掘されていた

辰砂（しんしゃ） Cinnabar

赤色

硫化鉱物

辰砂は赤色をした鉱物で、水銀を得るために利用されています。また、粉にすると赤色になるため、赤色の顔料や防腐材にも使われました。たとえば、奈良県高市郡明日香村にあるキトラ古墳の石室に描かれている朱雀の赤は、辰砂によるものです。これはスペクトル測定で明らかにされており、古墳時代からすでに辰砂が顔料として用いられていたことがわかります。

他に、水銀は鍍金（ときん）（メッキ）の材料となるため、辰砂の産地であった三重県丹生地方では、7世紀には採れた水銀を朝廷に献上していたそうです。

辰砂　丹生水銀鉱山跡（三重県）、大きさ3cm

現在、三重県多気郡多気町（旧勢和村）にある丹生水銀鉱山跡では、施設などが復元され、当時の水銀採取の方法などを説明する看板が立てられています。

日本の水銀鉱山として有名だったのは、この丹生鉱山と、北海道のイトムカ鉱山、奈良県の大和鉱山ですが、いずれも閉山しています。

なお、水銀の材料とされる鉱石には、黒辰砂もあります。辰砂と同じく硫化水銀でできていますが、結晶構造が違うため、粉にすると黒色になります。

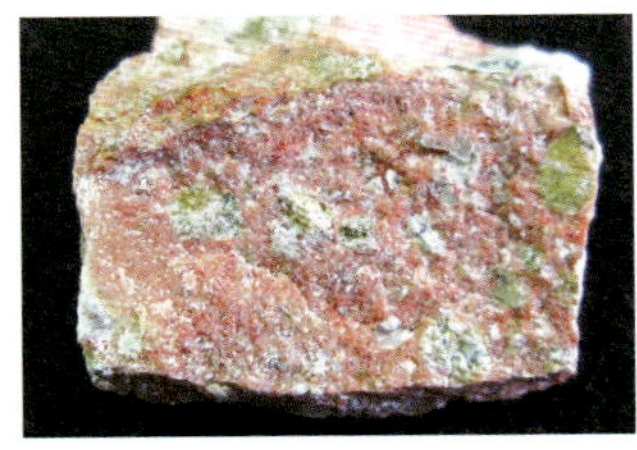

辰砂　奈良県宇陀市、大きさ3cm

辰砂　和歌山県川辺町、大きさ3cm

黒辰砂　三重県多気郡多気町、写真左右5cm

丹生水銀鉱山跡の坑道

語源

英名のCinnabarは、ギリシャ語の赤の絵具（kinnabaris）からきているといわれている。和名は、辰砂を多く産出した中国辰州（湖南省）の字からきている。

見る目が変われば見つかる?

紅玉髄 Carnelian

橙色

酸化鉱物

玉髄には、白以外に、いろいろな色のものがあります。赤色や橙色のものを紅玉髄(カーネリアン)、黄緑から深緑色のものは緑玉髄(クリソプレーズ)といいます。不純物を多く含んで不透明なものは碧玉(ジャスパー、p.169)とされ、中でも赤いものは赤碧玉(レッドジャスパー)、緑のものは緑碧玉(グリーンジャスパー)と呼ばれます。

名前に「紅」がつかない玉髄なら、比較的見つけやすいでしょう。しかし、紅玉髄はとても見つけにくい。私は長い間、そう思っていました。

紅玉髄 北海道今金町、大きさ6cm

ところが2017年、京都府を流れる木津川の川原に集まって石探しをしたとき、参加者のSさんが紅玉髄を見つけたのです。くぼみには玉髄特有の半円球の凹凸も見られる美しいものでした。Sさんは次の日もまた探しに川原に行かれ、2個目を発見。

今まで見つけられるとは思っておらず、気がつかなかったのですが、その気になると私の目も変わります。本当にふしぎなもので、木津川以外で、今まで何度も行って紅玉髄はないと思っていた川でも、見つけられるようになりました。

さて、紅玉髄は白い玉髄と同様、石英の仲間です。石英の細かい結晶が集まり、わずかに隙間ができているので、玉髄は石英より密度も硬度も少し低くなっています。

淡い橙色から赤色まで、いろいろなものがあります。この色の原因は、含まれる鉄イオンです。

紅玉髄　木津川(京都府)、大きさ3cm

紅玉髄　武庫川(兵庫県)、大きさ2cm

紅玉髄　小矢部川(富山県)、大きさ3cm

紅玉髄　玉川(茨城県)、大きさ5cm

語源

英名Carnelianは、ラテン語のcarnis(肉)、あるいはcarneolus(新鮮)が語源とされる。紀元前2500年のメソポタミアの王の遺跡から装飾品として見つかっている。

実は身近な宝石？

ガーネット Garnet

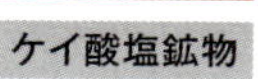

ケイ酸塩鉱物

砂の中から集めたガーネット 青蓮寺川（奈良県）、1粒の大きさ約2mm

ガーネットはザクロ石とも呼ばれ、いろいろな種類があります。

濃い赤い色をしたものは鉄を多く含むガーネットで、アルマンディン（鉄礬ザクロ石）です。赤みが強く、黒に近い色をしています。不透明なものが多いのですが、半透明で強い輝きをしたものやピンク色のものも見られます。

花こう岩質の石の表面に、ガーネットの粒が見られる　阿武隈川（福島県）、全体の大きさ6cm、粒の大きさ3mm

安山岩の表面に、ガーネットの粒が見られる　宇陀川（奈良県）、粒の大きさ5mm

結晶片岩の表面に、ガーネットの粒が見られる　関川（愛媛県）、粒の大きさ1cm

川原に出て花こう岩や火山岩があれば、その表面をよく見てみましょう。丸い赤や茶色の粒が見られることがあります。右の上から1番目の写真は、福島県の阿武隈川の川原で見つけた、花こう岩質の石の中にあった赤い粒です。これがガーネットなのです。白っぽい石の表面にこのような斑点があれば、割ってみると中から結晶の形が残っているものが出てくることがあります。

また、火山岩の中に見つかることもあります。上から2番目の写真は、奈良県の宇陀川の川原で見つけた安山岩で、表面に赤い斑点が見られます。これもガーネットです。

さらにその下の写真は、愛媛県の関川の川原にあった結晶片岩の表面に見られたガーネットです。

このようにガーネットは、花こう岩、安山岩、流紋岩、片麻岩、結晶片岩などの他、ときには堆積岩(砂岩)の中にも見つかります。そのため日本各地の川原で、砂にもガーネットが含まれていることがよくあります。

川砂の中に堆積している場合は、特定のところに集まる傾向があります。これは石英などの砂より、ガーネットの比重が少し大きいことによります(石英が2.7、ガーネットは3.8)。

奈良県の室生川。川原で川砂が堆積している部分を削ると、ガーネットが層状に集まっているところがある

パンニングの様子

ルーペや顕微鏡で見ると、砂の中にガーネットがあることがわかる

この比重の違いを利用して、川の砂からガーネットをより分けます。砂金の探し方と同じく、パンニングという方法です。川砂をパン皿か植木鉢の受け皿などに入れ、水の中で回しながら軽い砂を飛ばしていくと、最後にガーネットが残ります。

ガーネットの結晶には、菱形(りょうけい)十二面体のものと偏菱形(へんりょうけい)二十四面体のものがあります。川砂の中から見つかったガーネットには、小さいものの、結晶の形が比較的よく残っているものがあるでしょう。ルーペで見てみると、結晶面の輝きがわかり、宝石のように見えます。

石に含まれているガーネットだと、きれいな形をしたものはなかなか見つからないでしょう。ただそれでも、石を割ったときに、中から二十四面体をしたものが見つかることはあります。

菱形十二面体（左）と偏菱形二十四面体（右）の結晶

前述したように、ガーネットには種類がたくさんあります。おおまかにいえば、いずれもケイ酸塩鉱物ですが、下表のようにそれぞれ成分が異なり、橙や緑など、色もさまざまです。しかし、実際に見られるガーネットはこれだけではありません。たとえば、長野県の和田峠で見られるきれいな赤黒い結晶は、アルマンディンとスペサルティンの間にあたる成分でできているといわれます。

さまざまなガーネット

名称	成分	色
アルマンディン（鉄礬ザクロ石）	鉄、アルミニウム	濃い赤色
スペサルティン（満礬ザクロ石）	マンガン、アルミニウム	橙色
パイロープ（苦礬ザクロ石）	マグネシウム、アルミニウム	赤色
グロッシュラー（灰礬ザクロ石）	カルシウム、アルミニウム	赤色
アンドラダイト（灰鉄(かいてつ)ザクロ石）	カルシウム、鉄	無色、ピンク、褐色、緑色、黒色
ウバロバイト（灰クロムザクロ石）	カルシウム、クロム	暗い赤色、黄褐色、黄緑色、緑色

語源

英名Garnetは、ラテン語でザクロを意味するgranatumからきているといわれる。この言葉には、赤い粒の意味が含まれている。ザクロ石を漢字で書くときは、「柘榴」「石榴」「榴」などが使われている。いずれも読みはザクロである。すでに江戸時代から「ザクロ石」が書籍に見られる。

＊ガーネットは長野県の「県の石（鉱物）」

アンドラダイト（灰鉄ザクロ石）
奈良県天川村、大きさ3cm

アンドラダイト（灰鉄ザクロ石）　岡山県新見市、写真左右3cm

アンドラダイト（灰鉄ザクロ石）　神流川（群馬県）、1粒の大きさ2mm

ピンクと黒のコントラストが美しい

バラ輝石（きせき） Rhodonite

赤色

ケイ酸塩鉱物

バラ輝石という名前にはきれいな響きがあり、実際、濃い桃色から赤色をしたきれいな鉱物です。しかし川原に落ちているときは真っ黒。この真っ黒で重い石を割ると、きれいなピンク色の面が出てきます。この鉱物がマンガンを含んでおり、空気に触れるとマンガンが酸化し、真っ黒な二酸化マンガンになるためです。これは、マンガン乾電池の中に入っている黒い粉とほぼ同じ成分です。

バラ輝石　串小川（福井県）、写真左右15cm

真っ黒ときれいなピンクとのコントラストがいいので、あえて黒い部分を残して写真を撮るのも楽しい。なお、室内で保存するとあまり黒くはなりません。

バラ輝石という名前があるものの、実は輝石の仲間ではありません。それがわかってからも、この名称がきれいであるためか、いつまでも使われ続けています。

美しい色をしたものは装飾品になるぐらいなので、磨いて楽しむ方法もあります。ただモース硬度で5.5～6.5もあり、ナイフ以上に硬い部分もあるので、研磨するのはなかなか大変です。ちなみに、よく似たピンクの石に菱マンガン鉱（p.120）がありますが、こちらは硬度が3.5～4と柔らかいので、加工しやすいでしょう。

語源

英名のRhodoniteは、ギリシャ語でバラを意味するrhodonからきている。和名は、明治時代にバラ色の輝石だとされてついた。

バラ輝石　岩手県野田村、写真左右6cm

バラ輝石　串小川（福井県）、大きさ7cm

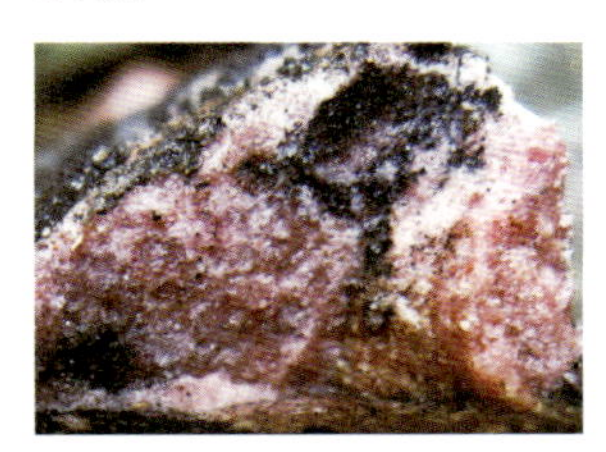

バラ輝石　三重県伊賀市、写真左右7cm

バラ輝石を研磨したもの　岩手県野田村、大きさ4cm

模様としても美しい

赤色など

ケイ酸塩鉱物

紅柱石（こうちゅうせき） Andalusite

紅柱石はその名の通り、赤く、四角い柱状の鉱物です。ただ川原で見つかる場合は、下の写真のように、ほとんど変質して白くなっています。ただ白くても、たくさん散らばっているのは、石の模様としても美しいものです。また、柱の中心付近がほのかに赤いものもあります。

白い部分が紅柱石　木津川（京都府）、写真左右25cm

紅柱石は、泥岩などの堆積岩がマグマの熱を受けて変化したものです（接触変成）。ケイ酸アルミニウムでできており、同じ化学組成でも、接触変成時の温度・圧力が異なると、珪線石（けいせんせき）や藍晶石（らんしょうせき）という異なる鉱物になります。このような鉱物が石の中に入っている場合、どれが入っているかで、石のさらされた温度がある程度わかり、「地質温度計」と呼ばれます。

きれいな紅柱石はカットされ、宝石として利用されます。他に、工場用の耐火れんがの原料として用いられることもあります。高温に耐えられ、しかも体積変化が少ないためです。

白い部分が紅柱石　白砂川（京都府）、大きさ6cm

赤っぽい部分が紅柱石　木津川（京都府）、写真左右5cm

変質していない紅柱石　玉川（京都府）、大きさ7cm

紅柱石の断面。十字の模様が現れるものがある

語源

英名Andalusiteは、スペイン南部のAndalusia（アンダルシア）地方で発見されたことから。和名は、赤褐色で柱状をしていることから。

赤色

ケイ酸塩鉱物

紅簾石（こうれんせき） Piemontite

川原でよく見つかる紅簾石は、単体の結晶ではなく、紅簾石を含む紅簾石片岩でしょう。淡い赤色で、非常に細かい紅簾石が、きらきらした雲母や白い石英とともに含まれているので、目立ちます。赤色になっているのはマンガンを含むためです。

有名なのは、中央構造線の南側にある三波川変成帯（p.29）のものです。1888年に初代東京帝国大学教授、小藤文次郎が埼玉県長瀞（ながとろ）町の紅簾石を新鉱物として国際的に発表しました。非常に立派な紅簾石片岩があり、分布規模も大きいため、一帯が国の天然記念物に指定されています。ちなみに、ここ長瀞は、日本に近代的な地質学を広めた東京帝国大学教授のナウマン（ドイツ）が、日本で最初に本格的な地質調査を行った地。地質学を志す者の聖地でもあるのです。

埼玉県長瀞町の紅簾石片岩

中央構造線に沿って、長瀞から西へ目を向けると、次の名所は徳島県徳島市の眉山です。ここにも紅簾石片岩が地表に出ているところがあります。やはり小藤文次郎が1887年、ここの結晶片岩が紅簾石を含むことを発表しました。これは紅簾石にかんする世界初の報告とされています。徳島県では他にも、吉野川市山川町にあるふいご温泉横の川田川河岸が知られています。巨石の紅簾石片岩は、その存在感で見る人を圧倒します。

紅簾石片岩は、赤色のチャート(p.175)が圧力を受けて変化したものです(広域変成)。深海底でチャートができるときから、もとになる粘土の中にマンガンが含まれていたといわれています。

語源

英名のPiemontiteは、この鉱物の産地であるイタリアのPiemonte(ピエモンテ)による。和名は、赤色の柱状結晶が平行に並んだものが、すだれに似ていることから。

＊紅簾石は徳島県の「県の石(鉱物)」

紅簾石片岩　吉野川(徳島県)、大きさ15cm

紅簾石片岩　国領川(愛媛県)、写真左右12cm

紅簾石片岩　加茂川(愛媛県)、大きさ8cm

紅簾石　銅山川(愛媛県)、写真左右5cm

割るのが楽しみになる

菱(りょう)マンガン鉱(こう) Rhodochrosite

赤色

ケイ酸塩鉱物

美しいピンク色で知られる菱マンガン鉱ですが、川原でこの色を探しても見つかりません。ピンクでなく、真っ黒な石を探すことになります。表面のマンガンが酸化し、真っ黒の二酸化マンガンになっているためです。黒い石のうち、少し重たく感じるものを選びます(比重は3.7)。割ってみて、中からきれいなピンク色が現れると、思わず声を上げてしまうのです。

菱マンガン鉱　三重県度会町、大きさ10cm

これによく似た鉱物がバラ輝石で、違うのはまず硬さです。バラ輝石がモース硬度で5.5～6.5、菱マンガン鉱は3.5～4で、菱マンガン鉱の方が柔らかく、硬度5.5のナイフで簡単に傷がつけば、菱マンガン鉱とわかります。

また、バラ輝石の方は粒々の集まりのように見えますが、菱マンガン鉱はべったりした表面模様です。バラ輝石は鉱山跡などでもなければ見つけにくいのですが、菱マンガン鉱は川原でも比較的見つけられるという違いもあります。

日本にはかつて多くのマンガン鉱山がありましたが、1986年にすべてなくなりました。マンガンは、地球に含まれる元素で12番目に量が多く、鉄よりも硬いため、採掘が重視されたのです。

菱マンガン鉱　串小川（福井県）、大きさ12cm

菱マンガン鉱　三重県度会町、大きさ6cm

宝石としての菱マンガン鉱は、インカローズなどと呼ばれます。ピンク色をした菱(ひし)形の結晶で、中南米などが産地です。

菱マンガン鉱　安曇川（滋賀県）、写真左右4cm

菱マンガン鉱　安曇川（滋賀県）、写真左右5cm

菱マンガン鉱　錦川（山口県）、写真左右5cm

ピンク色をした菱形の結晶
写真：Parent Géry

語源

英名のRhodochrositeは、ギリシャ語でバラ、色、石を意味する語を合わせたものである。和名は、結晶の形が菱形であることによる。

＊菱マンガン鉱は青森県の「県の石（鉱物）」

第6章

茶色や褐色の鉱物

Brown

虹のような輝きで人気

斑銅鉱（はんどうこう） Bornite

褐色

硫化鉱物

斑銅鉱は、きれいな虹色をした鉱物です。石を割ると見つかるものも、割れた状態で川原に落ちているものもあります。割れたばかりの表面は、褐色から暗い紫色のような色合いですが、日にちがたつと赤や青が混じった虹色に変わります。

斑銅鉱は、それに含まれる銅を取り出すために採掘されることがある石で、銅山では、黄鉄鉱や黄銅鉱などと一緒に見つかります。

斑銅鉱 石澄川支流（大阪府）、大きさ4cm

川原で探すときは、表面が茶褐色でさびたように見える石を探し、もってみて少し重く感じたら、割ってみることです。中から斑銅鉱などの金属鉱物が見つかることが多いでしょう。金属鉱物が見つかる川原は、その上流にかつて鉱山があった地域である場合が多いのですが、そうではないこともあるので、先入観なしで探すのがお勧めです。子どもがよい鉱物を見つけることが多いのも、そのようなことによるのかもしれません。

斑銅鉱　紀の川（和歌山県）、写真左右4cm

斑銅鉱　四郷川（奈良県）、写真左右5cm

斑銅鉱　明延川（兵庫県）、大きさ5cm

語源

英名のBorniteは、鉱物学者のIgnaz Edler von Born（オーストリア）にちなんで、Wilhelm Karl von Haidinger（オーストリア）が命名した。和名は、割れたばかりの面で、時間がたつと赤や青や紫などの虹色が斑点状に現れることによる。

味わい深い鉄さびの石

針鉄鉱(しんてっこう) Goethite

褐色

酸化鉱物

川原で、褐色の石を見かけるときがあります。それが硬くて重い場合、割ってみると、中から金属鉱物が見つかることが多いでしょう。しかし、同じ褐色でも、もってみると軽くてスカスカした多孔質になっていたり、土や砂、小石が集まって固まったようだったりしています。これらは、水酸化鉄などの細かい結晶が集まってできた針鉄鉱（褐鉄鉱）です。鉄分の多い地下水などがまわりにあるものを固め、酸化してできたのです。

さまざまな種類がありますが、高師小僧(たかしこぞう)と呼ばれる、棒状で中空のものは特に目を引きます。

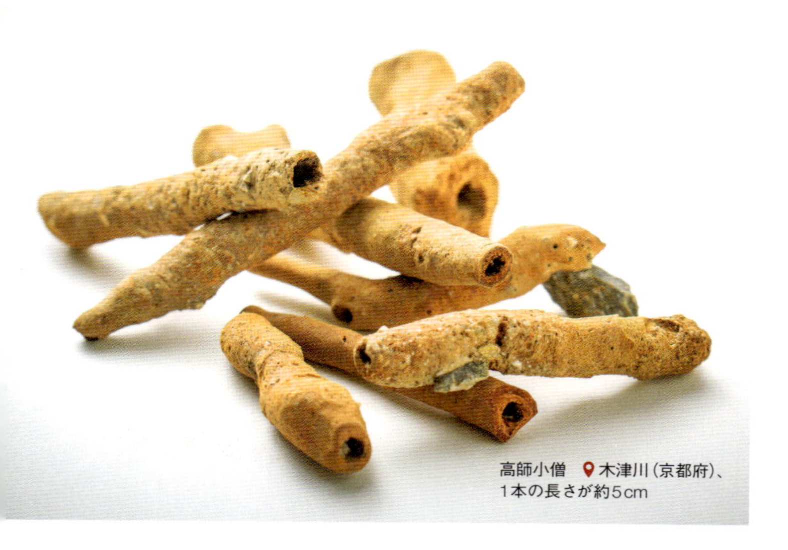

高師小僧　木津川（京都府）、1本の長さが約5cm

高師小僧は、植物の根のまわりに針鉄鉱がまとわりついてできたものです。中の空洞はもともと根があった部分で、それが腐ってなくなっています。高師小僧でも、まっすぐな棒状のものから、枝分かれしたもの、中には太さが5cmにもなるものまであります。愛知県の高師原で見つかり、形が子どもに似たものがあることからこの名で呼ばれ、県が天然記念物に指定しました。ただし、高師小僧は他県でも見つかっており、北海道名寄や滋賀県別所のものは国の天然記念物になっています。

鉱物愛好家の間で珍重されている針鉄鉱は他にもあり、名前がついています。たとえば、小石が集まって固まったものは「壺石（つぼいし）」と呼ばれます。壺石と同じような外見で中が空洞になっており、固まった球形の粘土などが入っているものは「鳴石（なりいし）」といいます。振るとコロコロと音がするためです。

高師小僧　木津川（京都府）、大きさ3cm

針鉄鉱　兵庫県明石市、大きさ4cm

語源

英名のGoethiteは、文豪ゲーテ（Goethe、ドイツ）にちなんで命名された。ゲーテは鉱山学校に通った鉱物の研究者でもあった。和名の褐鉄鉱は、褐色の酸化鉄の塊であることからつけられた。針鉄鉱は、結晶が針状であることからきている。

京都名物の砂に混じって

褐簾石（かつれんせき） Allanite

褐色〜黒色

ケイ酸塩鉱物

京都をたずね、東山慈照寺（銀閣寺）の北を流れる白川や、大文字山の谷筋にある川で砂をパンニングしていると、ときおり下の写真のような褐簾石が出てくることがあります。これらの上流に、褐簾石を含む花こう岩が分布していて、その風化した砂が川に流れ出しているためです。といっても、川砂はほとんどが石英と長石で、白く見えるので白川と呼ばれています。

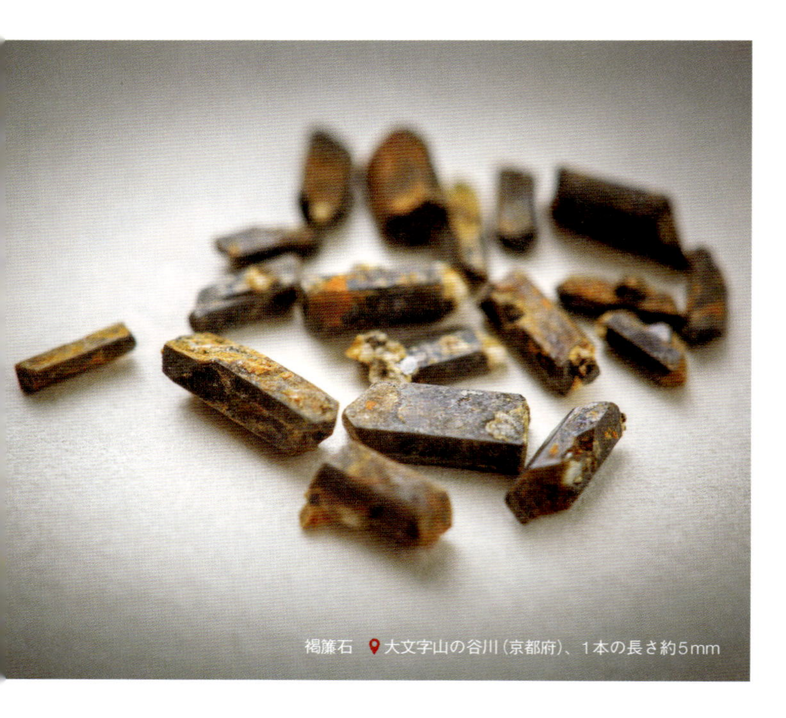

褐簾石　大文字山の谷川（京都府）、1本の長さ約5mm

褐簾石は緑簾石のグループに属する鉱物です。結晶が、その名の通り、すだれのような細長い形をしています。

この鉱物が有名なのは、日本で最初に発見された放射能鉱物であるためです。前述の白川のそば、大文字山の太閤岩(たいこういわ)という場所にある花こう岩から褐簾石が見つかり、1903年に京都帝国大学の比企忠博士によって、放射線を出している鉱物であることが報告されました。

ただ、褐簾石自体はそれより前に見つかっています。最初の報告は、1896年、地質学者の石原初太郎が『地質学雑誌』に「阿武隈花崗(こう)岩中の褐簾石」として載せたものです。

花こう岩中の褐簾石　如意ヶ岳（京都府）、1本の長さ5mm

語源

英名のAllaniteは、この鉱物を発見したトーマス・アラン（Thomas Allan、スコットランド）による。和名は、緑簾石グループで色が褐色であることによる。

チタン石(せき) Titanite

茶色

ケイ酸塩鉱物

岐阜県飛騨市にある神岡鉱山跡の近くを流れる高原川では、川原に伊西岩(いにし)というふしぎな岩石が見られます。この石には、下の写真のような茶色のチタン石と暗緑色の透輝石(右ページ2枚目の写真の左下)が含まれ、白い部分は斜長石という石でできています。

伊西岩は、この神岡地区の近く、伊西峠に広く分布していることから、この名がつけられました。

茶色い粒がチタン石 高原川伊西岩(岐阜県)、粒の大きさ1cm

この場所は、地質学的には「飛騨変成帯」(p.29の図)と呼ばれるところにあるのですが、古いアジア大陸の名残で、少し変わった石が見つかるのです。伊西岩もその一つで、角閃石や黒雲母が圧力を受けて縞状の構造になった岩(片麻岩)が石灰岩と反応し、特殊な層になったと考えられます。閃長岩(おもに角閃石と長石でできており、石英が少ない岩石)に近いものですが、解明されていないことも多いのです。

高原川河床にある伊西岩の露頭

中央の茶色い粒がチタン石。まわりの暗緑色は透輝石　高原川(岐阜県)、粒の大きさ7mm

わかりやすい目印は、伊西岩に含まれるチタン石や透輝石の大きな結晶です。川原の石の中から見つけたいときは、前述のように茶色で、断面がくさびの形に見えるチタン石が埋まっていないか、探すといいでしょう。

ちなみに、日本で最初にチタン石が見つかったのは、神岡地区です。チタン石は茶色だけでなく、微量の不純物を含むことで黄色、緑色、赤色、褐色、灰色などさまざまな色になります。透明感があり光沢の美しいものは、宝石として扱われます。

語源

英名のTitaniteはチタンを含む石からきている。和名は英名の直訳である。

つややかな結晶で魅せる

ベスブ石（せき） Vesuvianite

濃茶色

ケイ酸塩鉱物

下の写真にあるベスブ石の結晶は、黒っぽいつや光が特徴で、四角い柱状をしています。ガーネットに見た目がよく似ていたり、同じところで見つかったりするので、区別しにくい場合があります。このような黒っぽい茶色のものが多いのですが、他に淡黄緑色、淡褐色など、さまざまな色のものがあります。

黒っぽい部分がベスブ石　地蔵沢（長野県）、1個の大きさ8mm

ベスブ石は、石灰岩や苦灰岩といった岩と、そこに入ってきたマグマが反応してできる「スカルン鉱物」です。前述のガーネットや方解石、暗緑色の透輝石などと一緒に出てくることがあります。なお、長野県川上村の湯沼鉱泉旅館では、入山料を払って鉱物を採取できるようになっていますが、ベスブ石も探すことができます。

語源

英名のvesuvianiteは、イタリア南部のVesuvius（ベスビアス）火山の噴火時の火山弾の中から見つかったことによる。和名は英名の直訳である。

黒っぽく見えるのがベスブ石。まわりの白い部分は方解石　長野県川上村、写真左右25cm

生物の美しき名残

茶色

化石

琥珀（こはく） Amber

実のところ、琥珀は鉱物ではなく、化石です。

それでも例外的に鉱物のように扱われることがあるのは、鉱物には宝石とされるものがあり、琥珀も宝石のような装飾品として利用されているからです。

何の化石かといえば、松ヤニなど、木の樹脂の化石です。中には、樹脂に埋まった昆虫が含まれていることがあります（右ページの写真）。ちなみに、映画『ジュラシックパーク』には、琥珀の中に閉じ込められた中生代の蚊が登場しています。その蚊は恐竜の血を吸っていたので、化石からそれを取り出し、DNAを解析して恐竜を復元したという筋書きでした。

琥珀 宿戸海岸（岩手県）、大きさ3cm

さて、日本で宝石級の琥珀を現在でも採掘している鉱山が、岩手県久慈市にあります。この鉱山はNHK総合の連続テレビ小説「あまちゃん」でも有名になりましたが、ここの琥珀は中生代白亜紀のものです。

この鉱山には、日本で唯一の琥珀博物館が併設されています。また、琥珀の発掘を体験できる場所もあり、実際の地層から探すことができます。私も何度か挑戦し、そのたびにいくつか見つけることができました。

新生代の地層からも琥珀は見つかり、炭化した木の化石と一緒に出てくることが多いでしょう。木片の化石などが含まれる地層に出合ったとき、よく観察すると、あめ色の琥珀の粒が見つかることがあります。

琥珀の中に見られる昆虫化石　バルト海（リトアニア）、大きさ2cm

琥珀　銚子の海岸（千葉県）、大きいもので1cm

琥珀　三重県亀山市、大きさ5mm

語源

英名のAmberは、アラビア語のanbar（海に漂うもの）からきているとされている。現在でもバルト海沿岸では、海に漂った琥珀が打ち上げられているという。和名の琥珀については、中国で「虎死して、則ち精魂地に入りて石と為る」とあり、虎は王に似ていることから、虎の字に王へんをつけ、この石の名前にしたといわれる。

これは木? 石?

珪化木(けいかぼく) Silicified wood

茶色など

化石(酸化鉱物)

木目がはっきり見えるにもかかわらず、木の柔らかさはなく、石のように硬いものがあります。これが珪化木です。多くは、細長い柱状をしていて、川原で他の石に当たっても、硬いので形が残っています。色はもとの淡い茶色から黒くなっているものや、灰色のものなどがあります。中にはメノウ化して赤色が混ざっているもの、黒くオパール化しているものもあります。

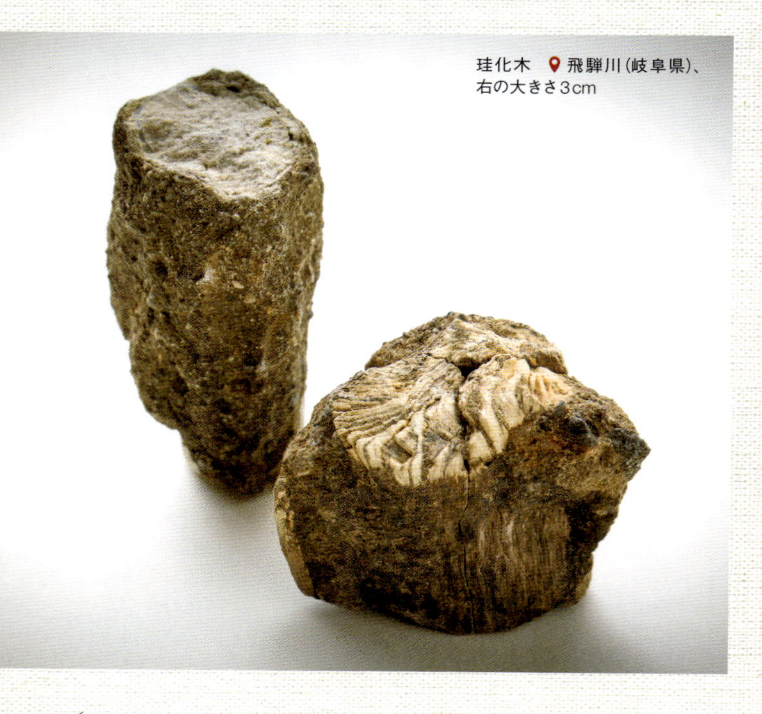

珪化木 飛騨川(岐阜県)、右の大きさ3cm

どうしてそうなったかといえば、まず、地中に埋もれた木の中に、地下水に溶け込んだ二酸化ケイ素がしみ込んでいきます。そして、木の細胞組織とケイ素分が入れ替わることで、玉髄化したりメノウ化したりするのです。

石炭も木の化石ですが、こちらは炭化して炭素ができています。しかし石炭層にも、ときおり珪化木が混ざっていることがあります。私が九州の池島炭鉱に見学に行ったとき、石炭の中で質の悪い部分ばかりを集めていた場所を見ると、ほとんどが珪化木で驚きました。関係者に聞くと、石炭より硬く、機械を傷つけるので邪魔者扱いされていました。

長崎県池島炭鉱の庭にある珪化木。大きさは約1m

珪化木　飛騨川（岐阜県）、大きさ4cm

珪化木　加古川（兵庫県）、大きさ18cm

そこで近くの海岸の石を見てみると、石炭より硬い珪化木が多数散らばっていて、またまた驚きました。鉱物愛好家にとっては宝物の化石も、ここでは見向きもされない存在なのです。

一方、福岡県北九州市戸畑区夜宮にある、約3500万年前の地層に含まれていたニセホバシライシの大珪化木や、岩手県二戸郡一戸町根反にある、約1700万年前の地層に直立したセコイア杉の大珪化木などは、国指定の天然記念物になっています。

珪化木 広瀬川（宮城県）、大きさ約2m

珪化木 久慈川（茨城県）、大きさ20cm

福岡県北九州市の「夜宮の大珪化木」。最大幅2.2m

語源

英名のSilicified woodは、シリカ（ケイ素）になった木の意味。Geyserite、Petrified woodともいわれることがある。和名も、ケイ化した木でできた由来を反映した命名である。

第7章

黒い鉱物

Black

鉛筆の芯のような石

石墨（せきぼく） Graphite

黒色

元素鉱物

石墨　百瀬川支流（富山県）、右の大きさ3cm

石墨は、つやつやした金属光沢をした鉱物で、炭素でできています。結晶の形はさまざまで、薄皮状、粉状、土状などが見られます。黒色で柔らかく（モース硬度は1～2）、爪で傷をつけられるでしょう。かつては鉛筆の芯の原料にもなっていて、そのままでも紙に字が書けます。

左下の写真の石墨が見つかった場所は、その周囲にある石灰岩が結晶質に変わっていたところです。また、右下の写真の石墨は、低温下で石が圧力を受けて変化した「広域変成岩」が分布する地域で見つけました。石墨はこのような地質条件をそなえた場所や、高温下で圧力がかかった場所などにも見られます。

また石墨はダイヤモンドと同じく炭素でできていますが、姿はまったく違います（同質異像）。ダイヤモンドは高圧下で、石墨は低圧下で生成されるためです。

石墨　百瀬川支流（富山県）、大きさ3cm

石墨　三重海岸（長崎県）、大きさ4cm

語源

英名のGraphiteは、ギリシャ語で「書く」という意味の言葉からきている。和名は、この石で墨汁（ぼくじゅう）のように字が書けることから。

磁鉄鉱（じてっこう） Magnetite

黒色

酸化鉱物

磁鉄鉱はほとんどの火成岩に含まれています。火成岩が風雨にさらされ、削られた粒が流水で流され、川底などにたまります。そのため、川砂をパンニングするとほとんどの場合、最後に磁鉄鉱が残るのです。川や海辺の浜でも、ところどころ砂が黒くなっている場所が見つかることがあります(右ページ一番上の写真)。こういったところに、磁鉄鉱は集中しています。

磁鉄鉱 斐伊川(島根県)、全体の大きさ3cm

　このように、磁鉄鉱は堆積物に含まれるので、当然、堆積岩の中にも含まれます。川砂の磁鉄鉱は、砂粒と同じ大きさですが、鉱山跡の捨て石などにある磁鉄鉱は、重い塊です。磁石を近づけるとくっつきます。

　なお、玄武岩や砂岩に含まれる磁鉄鉱は、その岩石ができたときの地球磁場の方向を記録しており、過去の磁場の向きを知る手がかりとされます。

福島県の阿武隈川。黒くなっている部分が磁鉄鉱

静岡県の天竜川の川砂。磁鉄鉱が多く含まれている。1粒が約1mm

鹿児島県の川尻海岸にあった磁鉄鉱。1粒が約2mm

磁鉄鉱を多く含むかんらん岩に、磁石が引き寄せられる

語源

英名のMagnetiteは、金属鉱物が分布するギリシャの地名、Magnesia（マグニシア）県によるという。一方、中国では母が子どもを引き寄せる慈愛の「慈」から慈石と呼ばれ、この和名がある。慈愛に満ちた鉄鉱石というわけだ。

輝石（きせき） Augite

黒色など

ケイ酸塩鉱物

岩石が風化して、そこから外れたかけらが酸化し、褐色になって散らばっているような場所があります。輝石は、そのようなところに転がっています。

下の写真は、長野県、JR小海線の野辺山駅から南に少し行った、獅子岩というところで撮影したものです。ちなみに、野辺山駅は海抜1345 mと、JRの駅で一番高いところにあります。

輝石が散らばっている様子。丸印がついているのが輝石

地質学者ナウマンは、獅子岩からの風景を見て、フォッサマグナ（日本列島の中央近くを横断する大きな溝のようなところ、p.56の図）に気づいたといわれています。

さて、輝石の結晶は短い柱状で、取り出されたばかりのものは、濃い緑色（暗緑色）をしています。

右下の写真は、長野市大岡地区（旧大岡村）の樋ノ口沢の川の中の砂からより出したものです。水の中にあったためか表面の風化があまりなく、緑色が残っています。

輝石は、火成岩を構成する重要な鉱物の一つです。玄武岩や安山岩、閃緑岩などに含まれています。

輝石　長野県南牧村、大きさ約5mm

輝石　樋ノ口沢（長野県）、大きさ約5mm

語源

英名のAugiteは、ギリシア語のauge（太陽光、明るさ）からきている。玄武岩中の輝石のへき開面がきらきら輝いていることから、地質学者ウェルナー（Werner、ドイツ）がこの名をつけた。和名の輝石は、英名の意味をくんで和田維四郎が訳した。

鉄電気石（てつでんきいし） Schorl Tourmaline

黒色

ケイ酸塩鉱物

川原の石の中で黒雲母が層状に並んだ片麻岩、石英や長石が大きな結晶で構成されているペグマタイト（p.95）の中に、黒い棒状の鉱物が見つかることがあります。これが鉄電気石です。ペグマタイトには同じように黒い黒雲母も含まれていますが、硬度がまったく異なります。雲母は簡単に爪でもはがれるほどですが、鉄電気石はモース硬度で7と硬いものです。ただ、鉄電気石のまわりに黒雲母があることは少ないので、間違えにくいでしょう。

黒い棒状の部分が鉄電気石　木津川（京都府）、全体の大きさ15cm

鉄電気石の結晶を熱すると静電気を発生する他、圧力を加えると帯電するという圧電効果もあります。鉄電気石は電気石と呼ばれるグループに属しており、このグループは宝石としては「トルマリン」と呼ばれます。また。鉄電気石は黒ですが、他にさまざまな色をした電気石があります。

鉄電気石の結晶は柱状で、表面には、比較的はっきりした筋が平行に走っています（条線）。これは、柱が伸びているのと同じ方向に見られます。

鉄電気石　服部川（三重県）、写真左右10cm

鉄電気石　木津川（京都府）、写真左右4cm

中央の黒い棒状の部分が鉄電気石。周囲の細かい黒いものは黒雲母　服部川（三重県）、写真左右10cm

ペグマタイトの中に棒状に入っている鉄電気石　福島県石川町、長いもので約50cm

語源

Tourmalineの語源は、スリランカの現地語turmali（トルマリ）によるという。和名は、静電気を帯びる性質からつけられた。

風邪をひきやすい石?

黒雲母（くろうんも） Biotite

黒色など

ケイ酸塩鉱物

砂場で遊んでいると、きらきら光るものが手につきます。これが雲母です。金のように見えますが、そうではありません。より大きい、川原で見つかるようなものは、爪で薄くはがすことができ、金との違いがわかりやすいでしょう。

黒雲母は鉱物学上の正式名ではありません。金雲母（マグネシウムを含む）と鉄雲母（鉄を含む）の中間の成分（マグネシウムと鉄を含む）をもっていて、一般的にこの名で呼ばれます。

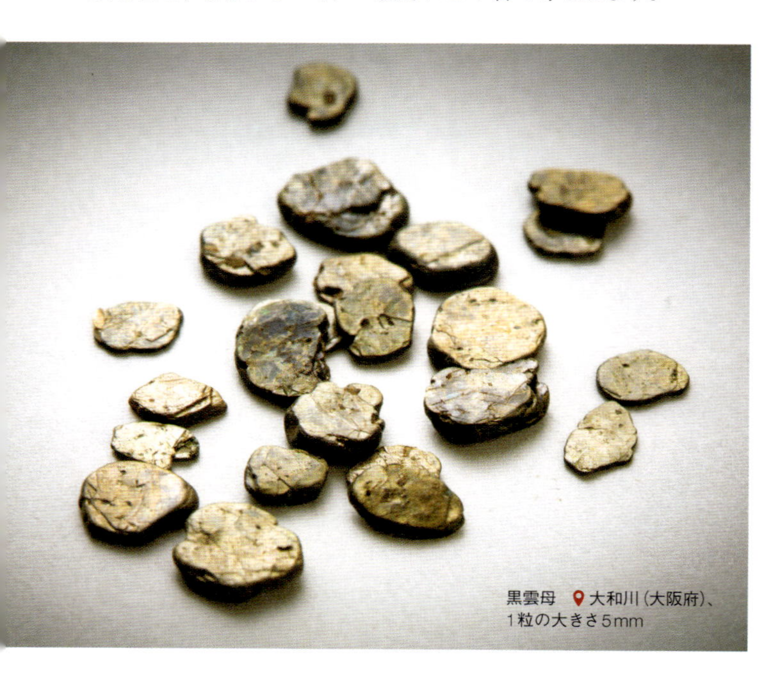

黒雲母　大和川（大阪府）、1粒の大きさ5mm

黒雲母は酸性の火成岩にたいてい含まれていて、その岩石が風化するときは、まずこの黒雲母からくずれていきます。

そのときの様子を、宮沢賢治は『楢の木大学士の野宿』(p.87)で、擬人化した鉱物に語らせました。

主人公の大学士が鉱物たちの会話に耳をすませていると、「バイオタ」こと黒雲母(バイオタイト)が「痛ぁい、いたい」と急に泣き出し、まわりの石は「早くプラヂョさんをよばないとだめだ」とあわてます。それを聞いていた大学士は「ははあ、プラヂョさんといふのはプラヂオクレース(斜長石)で青白いから医者なんだな」と納得するのです。呼ばれたプラヂョは、おなかの痛みに苦しむバイオタに、「なあにべつだん心配はありません。かぜを引いたのでせう」と診断を下しました。大学士は「ははあ、こいつらは風を引くと腹が痛くなる。それがつまり風化だな」と気づきます。黒雲母が花こう岩の中で風化しはじめることを表しているのです。

光っている部分が黒雲母　乳香川(北海道)、大きさ6cm

黒い棒状の部分が黒雲母。中岳川(大分県)、写真左右8cm

中央の色の濃い部分が黒雲母　木津川(京都府)、写真左右4cm

語源

英名Biotiteは、鉱物学者ビオ(Biot、フランス)にちなんで命名された。和名は白雲母と同じ経緯で(p.96)、黒い雲母であることから、こう呼ばれるようになった。

最初に鹿児島で見つかった石

大隅石（おおすみいし） Osumilite

黒色

ケイ酸塩鉱物

中央の茶色がかった粒が大隅石　清水浜（鹿児島県）、粒の大きさ2mm

鹿児島県霧島市隼人町にある清水浜は、清水川が湾にそそぐところの近く、鹿児島湾の最北部にあります。浜の上を高速道路が通り、海岸に沿って国道10号線がすぐ横を走っています。この二つの道路に挟まれた小さな浜が清水浜です。

ここに、穴のあいた流紋岩質の石がたくさん転がっています。この石の穴をのぞいていくと、中に数mmぐらいの黒いピカッと光るものが見つかることがあります。これが大隅石です。

鹿児島県の清水浜

大隅石の結晶は、六角形の短柱状で、大きさが2mmほどしかありません。しかし、これを含む岩（母岩）が灰色で多孔質の石なので、中に黒い色をして光沢を放つ大隅石があれば、意外と見つけやすいのです。ルーペで見ると黒光りしているのがわかります。

大隅石を含む石　清水浜（鹿児島県）、大きさ15cm

この鉱物は鹿児島県垂水市咲花平で最初に発見された、日本産の新鉱物です。その後、大分県、岐阜県などでも見つかり、世界各地で発見されています。

上の写真の中央付近を拡大。黒色の柱状のものが大隅石

語源

英名のOsumiliteは、この鉱物が鹿児島県大隅半島（垂水市咲花平）で都城秋穂によって発見され、命名された。和名もこの半島名にちなむ。

＊大隅石は鹿児島県の「県の石（鉱物）」

石器時代にも使われた天然ガラス

黒曜石（こくようせき） Obsidian

黒色

ガラス質の石

川原や海岸で見つかる黒曜石は、表面が他の石に当たり、細かい傷が一面についています。そのため、白色か灰色っぽく見えますが、割れ口は貝殻状の湾曲した形になり、真っ黒から暗い灰色（または褐色）を示します。割れていない丸い石だと、他の灰色の石とよく似ていて見つけにくいでしょう。ただ、表面の微妙な色合いがわかってくると、探せるようになります。

黒曜石　腰岳（佐賀県）、大きさ6cm

実は、黒曜石は鉱物ではなく、流紋岩と呼ばれる岩石の一種です。鉱物のように見えるのは、ガラス質だけでできているからでしょう。地下から噴出したマグマが一瞬で冷やされる特殊な環境では、ガラス質や細かい結晶で構成された石ができます。そこには「斑晶」と呼ばれる大きな結晶が含まれず、天然ガラスとなっているのです。

ガラス質なので、割れ口は鋭利です。先史時代には、石器として利用されました。今では、遺跡で出土した道具などの黒曜石がもともとどこのものかわかるようになっていて、産地から遠くへと運ばれ、流通していたことが明らかになっています。

黒曜石　十勝川（北海道）、大きさ4cm

断面を研磨した黒曜石　居辺川（北海道）、大きさ5cm

黒曜石　腰岳（佐賀県）、大きさ3cm

日本では100か所以上で黒曜石が見つかっています。北海道なら白滝・十勝地方、そして栃木県矢板市、長野県下諏訪町、東京都神津島、島根県隠岐島、大分県姫島（天然記念物のものがあります）、佐賀県伊万里、長崎県佐世保市などが代表的な産地です。

よく似た石に、松脂岩や真珠岩があります。同じように流紋岩でガラス質ですが、水を含む割合が多い点が異なります。松脂岩には樹脂状の光沢があり、真珠岩は粒状なのが特徴です。

黒曜石　十勝川（北海道）、大きさ4cm

松脂岩　谷川（愛知県）、大きさ6cm

真珠岩　板屋川（三重県）、写真左右4cm

松脂岩　狩野川（静岡県）、大きさ3cm

語源

英名のObsidianは、オブシウス（Obsius、エチオピア）という人物がこの石を見つけたことによるという。和名は、黒く耀く石であることからきており、「耀」の字を用いる場合もあるが、1773年の博物書『雲根誌』、そして訳語を決めた和田維四郎も「曜」を当てている。

＊黒曜石は大分県と長野県の「県の石」。松脂岩は愛知県の「県の石」

第8章

その他

Others

ピカピカ光る重い石

方鉛鉱（ほうえんこう） Galena

鉛灰色

硫化鉱物

方鉛鉱は鉛を含み、ピカピカ光っています(金属光沢)。しかも、割れ口がさいころの形のような六面体になるため、見分けやすいでしょう。また、この鉱石を手にもつと、ずっしりと重く感じるはずです。それもそのはず、鉛は比重11以上の金属で、方鉛鉱の比重は7.6です。よく見つかる石英の比重は2.7ですから、その3倍近くあります。

方鉛鉱　新潟県村上市、大きさ2cm

川原で探すときも、まずこの重さが目印になります。ただ、方鉛鉱はモース硬度が3と柔らかいので、他の石に当たって削れ、表面には見えない場合が多いでしょう。そのため重たいと思った石を割ってみて、中に入っていないか確認することになります。右の写真はいずれも、石を割って中から出てきたものです。

鉛は現在でも多くの場面で利用されていて、比重が大きい特性をいかして放射線遮蔽（しゃへい）材にも使われています。加工がしやすいことから、かつては水道管やハンダなどの原料でしたが、鉛には毒性があるので、今では使用されなくなっています。

ちなみに他の鉛の化合物だと、炭酸鉛（鉛白（えんぱく））が白色のおしろい粉、絵具、塗料、釉薬などとして使われていました。こちらも今は、用途がかなり限定されています。

方鉛鉱　郷谷川支流（石川県）、写真左右11cm

方鉛鉱　明延川（兵庫県）、大きさ5cm

方鉛鉱　市川支流（兵庫県）、大きさ1cm

方鉛鉱　山宝鉱山跡（岡山県）、写真左右4cm

語源

英名Galenaは、鉛鉱石の古いラテン語の呼び名である。和名は、割ると六面体のさいころ型の割れ口ができることから。

誰もが魅せられる

水晶（すいしょう） Quartz Crystal

無色など

酸化鉱物

透明な六角形の柱で先がとんがっている水晶。誰もが好む鉱物です。そのきれいな透明感ときりっとした結晶の形が、何とも魅力的です。川原に出るといつも、水晶が見つかりそうな、白い色の石英質のものをついつい探してしまいます。

水晶　奈良県奈良市柳生町、大きさ3cm

白い色の石を見つけて、くぼみがあればのぞいてみます。すると、六角形の柱が見つかることがあり、そのときは「あった!」と叫びます。先端のとんがりが目に入ってくると、さらに喜びは倍増します。その柱が透明であれば、なおさらです。

水晶は石英と同じく、二酸化ケイ素でできています。六角形の柱状をしたものを水晶、不定形なものを石英と呼びます。川原では、石英のくぼみに水晶ができていたり、他の岩石に石英が脈状に入っていて、その中の空洞に水晶ができていたりします。

石英脈の隙間に見られる水晶　荒川上流（秋田県）、写真左右15cm

流紋岩の中にできた石英脈の水晶　加古川（兵庫県）、左の写真左右2cm、右の写真左右10cm

水晶にはこのように石英脈にあるものと、花こう岩内部の空洞（晶洞（しょうどう））に見られるものがあります。石英脈にあるのは、マグマが冷えていく過程で最後に残った二酸化ケイ素の溶液が、まわりの岩石の中に入り込み、そこで冷え固まったときの隙間にできたものです。一方、花こう岩の中では、マグマが冷え固まるときに、575℃より低温になって泡状の空洞ができ、そこで水晶が成長することがあります。

水晶のでき方を知っていると、探す手がかりになります。山の崖を前にしたら、白い石英の脈がないかどうかを見て、川原の石に白い脈があればよく見てみるとよいでしょう。その中に隙間があり、水晶が見つかることがあります。

小さな水晶であれば、近くの川や山の崖の石英脈を探して見つかることがあり、その産地は全国いたるところといえます。しかし、図鑑に載るような立派な水晶はそうどこでも出るものではありません。そのような水晶が見つかった有名な産地は、岩手県の玉山金山、宮城県の雨塚山、福島県の石川町、長野県の川上村、山梨県の甲府、岐阜県の苗木、滋賀県の田上山、長崎県の五島列島などでしたが、現在ではなかなか見つからなくなっています。

また水晶には、少し形が違うものや色のついたものがあります。両方がとんがった両錐の水晶、紫色の紫水晶、緑色の草入り水晶、茶色や黒色がかった煙水晶、黒色の黒水晶が日本で見つかっています。鮮やかな色の水晶や透明な水晶もよいものですが、真っ黒な水晶は特に魅力的です。黒水晶は、ペグマタイト（p.95）から見つかることが多いでしょう。これは、ペグマタイトには放射性元素が集まっていることが多く、そこから出る放射線の影響で、水晶を構成している二酸化ケイ素分子の結びつき方にひずみが生じるなどして、光が吸収されてしまうからです。

チャート中の石英脈にあった豆晶洞の中の水晶　桂川（京都府）、写真左右5cm

小さな晶洞の中の水晶　北琵琶湖（滋賀県）、晶洞の大きさ5cm

淡く青みがかっている水晶　上地川（鳥取県）、大きさ10cm

透明度の高い水晶　境川（愛知県）、大きいもので長さ2cm

紫水晶　円山川（兵庫県）、大きさ5cm

黒水晶　小豆島（香川県）、大きさ4cm

語源

紀元1世紀、水晶はクリスタルスと呼ばれた。これは、ギリシャ語の氷を意味する言葉からきている。後に、クリスタルスは鉱物学では結晶を意味するようになり、水晶は、岩から見つかるのでロッククリスタルと呼ばれるようになった。しかし近年では、クォーツクリスタルの名を使うようになった。クォーツ（石英）とクリスタル（結晶）で「石英の結晶」となり、理屈に合う。

＊日本式双晶水晶は山梨県と長崎県の「県の石」

緑や紫のものが見つけやすい

蛍石(ほたるいし) Fluorite

蛍石は、緑色や紫色がきれいな鉱物です。川原でこれらの色をしているとまだわかりやすいのですが、石英と同じ白色の蛍石もあります。その場合、もし紫外線ライトがあれば、それで紫外線を当てると、蛍石なら蛍光(けいこう)が見られます。

なお、紫色のものは紫石英や紫水晶とよく似ていますが、蛍石の方が柔らかいという違いがあります。

蛍石。左上は紫外線を当てたところ　笹洞鉱山跡（岐阜県）、大きさ7cm

川原だけでなく、蛍石を採集させてくれるスポットに行くと見つけやすいかもしれません。岐阜県の金山町には、笹洞(ささほら)鉱山跡があります。予約しておくと（金山町観光協会が受付）、2500円で2時間※入れます。ただし、もって帰れる量に制限があり、白い蛍石が多いので紫外線ライトが必要になります。

このようなところは日本だと珍しいのですが、ヨーロッパやアメリカには多くあります。

ちなみに、市販されている、きれいな八面体の蛍石には、人によって形が作られたものもあります。割ることで八面体にする方法がある（完全にへき開する）ので、自然にできた結晶なのか、人為的に作ったものなのか、見た目では区別がつきにくいでしょう。

※移動や案内などの時間含む

蛍石　笹洞鉱山跡（岐阜県）、写真左右6cm

蛍石　淀川（秋田県）、大きさ8cm

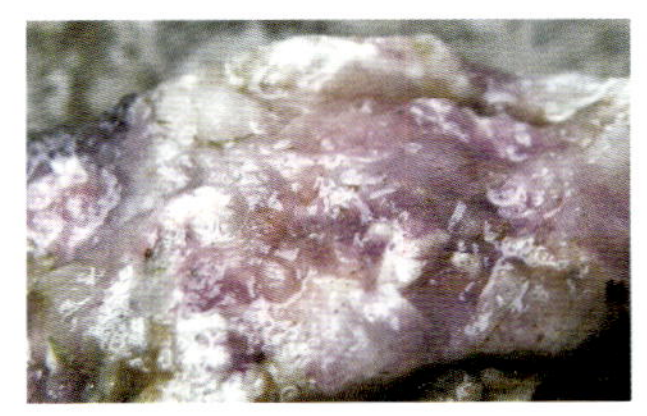

蛍石　猪名川（兵庫県）、写真左右4cm

蛍石の結晶

語源

英名Fluoriteは、ラテン語で、「流れる」という意味をもつfluereからきている。和名は、加熱すると発光することから。熱したときに飛び散ることがあるので、気をつけなければならない。

どこにでもあるが小さすぎる

ジルコン Zircon

いろいろな色

ケイ酸塩鉱物

ジルコンはどこにでも出る鉱物です。ただし、顕微鏡サイズであれば、です。火成岩や堆積岩、さらには変成岩にまで含まれます。そして、ジルコンそのものがモース硬度7以上と硬いため、自然界に残りやすいのです。さらに比重も4以上あり、砂として川などに運ばれたときには、磁鉄鉱のように集まる傾向があります。集まったものは「ジルコンサンド」と呼ばれます。

濃い茶色の粒がジルコン 北海道余市町、粒の大きさ8mm

ただし、このどこでも出てくるジルコンは本当に小さく、1mmにも満たないものです。川砂をパンニングしたときに残る砂金や磁鉄鉱などとともに出てきますが、ここからジルコンを取り出す人はあまりいません。

ジルコン　千曲川（長野県）、大きさ1mm弱

しかし、このジルコンは重要な役割を果たしています。硬くて古い時代のものでも地層の中によく残っており、年代を調べるのに使えるのです。その方面の研究者にとっては、非常に重要な鉱物です。

中央の縦長のものがジルコン　郷谷川（石川県）、大きさ1mm

ちなみに、ジルコンは地球最古の鉱物。地球の年齢は46億年ですが、最古のジルコンは42億年前という、地球ができてすぐに生まれています。見つかった場所は今のオーストラリアですが、大きさはやはり1mm以下です。

ジルコンの結晶

純粋なジルコンは無色透明ですが、不純物を含むといろいろな色に変わります。結晶は四角錐がついた形で、紫外線を当てると、黄緑色に発色します。

語源

英名のZirconは、ペルシャ語のZargun（金色）、あるいはアラビア語のZarquin（褐色あるいは赤色）に由来するともいわれている。和名に風信子石（ふうしんしせき）がある。昔のギリシャではこの鉱物をHyacinth（ヒヤシンス）と呼んでおり、これに漢字を当てた。

大家族の大黒柱

普通角閃石（ふつうかくせんせき） Hornblende

暗緑色

ケイ酸塩鉱物

角閃石のグループに属する鉱物は多く、大家族といえます。普通角閃石もその中の一つですが、この普通角閃石にも数種類あります。火成岩や変成岩を構成する重要な鉱物の一つで、火成岩の表面に細長い黒緑色をした鉱物が見えれば、たいていは普通角閃石です。結晶は長柱状で、断面は菱形です。

普通角閃石 笠島海岸（新潟県）、写真左右4cm

宮沢賢治の『楢ノ木大学士の野宿』(p.87)に、バイオタこと黒雲母(バイオタイト)とホンブレンこと角閃石(ホルンブレンド)が言い争いをする場面があります。ホンブレンは1500万年前、バイオタにいわれたことを蒸し返します。「こんな工合(ぐあい)さ。もし、ホンブレンさま、こゝ(こ)の所で私もちっとばかり延びたいと思ひ(い)まする。どうかあなたさまのおみあしさきにでも一寸(ちょっと)と取りつかせて下さいませ」。これを聞き、大学士は手をたたきました。

普通角閃石　神子畑川(兵庫県)、大きさ7cm

普通角閃石　金辺川(福岡県)、写真左右5cm

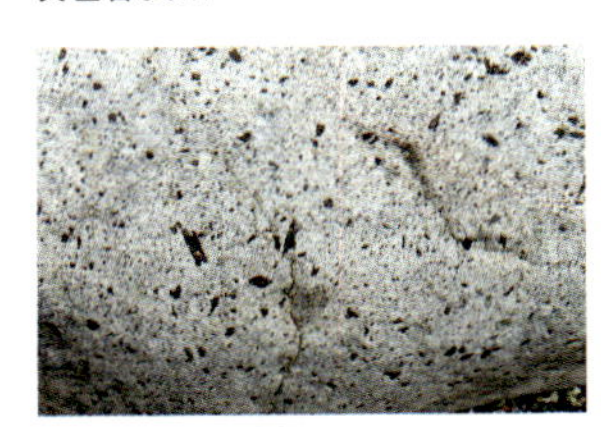

普通角閃石　東出津町の浜(長崎県)、写真左右17cm

これは、マグマの中で角閃石が結晶化して現れたとき、次に黒雲母が現れようとしている状態を擬人化したものです。マグマの中では温度が下がるにつれ、有色鉱物では、かんらん石、輝石、角閃石、黒雲母の順に結晶化が進みます。同時に、無色鉱物ではナトリウムに富む斜長石、そして次第にカルシウムに富む斜長石が現れ、最後に正長石や石英が結晶化し、マグマが冷え固まって火成岩になります。

語源

英名のHornblendeは、ドイツ語のhorn(角)とblenden(輝いて目をくらませる)の合成語。和名は和田維四郎により、ドイツ語の意味をくんで角閃石とした。

テフロ石 Tephroite

灰色

ケイ酸塩鉱物

テフロ石はかんらん石のグループに属する鉱物です。マンガンが得られる石としても重要で、やはりマンガンの鉱石であるバラ輝石(p.114)などとともに出てくることがよくあります(下の写真)。そのため、マンガンかんらん石ともいわれます。

バラ輝石などを割ると、少し緑がかった灰色や褐色をした部分が現れることがあり、それがテフロ石です。バラ輝石と同様に、野外では表面が黒くなっています。

語源

英名のtephroiteは、ギリシャ語で「灰色」を意味する言葉に由来する。和名は英名からきている。

灰緑色の部分がテフロ石、ピンクの部分はバラ輝石　三重県伊賀市、大きさ15cm

赤もあれば青もある

碧玉（へきぎょく） Jasper

赤色・青色

ケイ酸塩鉱物

碧玉は、細かな石英の集まりであるメノウ（p.76）のうち、不純物が多く含まれているものをいいます。重ねて赤色であれば、赤碧玉、あるいは赤玉石や赤岩と呼ばれます。これは酸化第二鉄が含まれているからです。

碧玉　土肥海岸（静岡県）、大きさ2cm

右の写真は、青森県今別町の「赤根沢の赤岩」で、県が天然記念物に指定しています。かつて、この辺りでは、赤岩から酸化第二鉄を取り出して、赤の顔料などに使っていました。この他の青森県のものは、錦石と呼ばれています。

碧玉　赤根沢（青森県）、大きさ約1.5m

また、佐渡の碧玉も有名で、愛石家の間では赤玉石として古くから珍重されてきました。佐渡では赤玉という地名があるほどです。

赤い碧玉に似た石に赤色のチャート（p.175）があります。川原で見つかる赤色の石のほとんどは赤色チャートです。チャートは層状で見られる場合が多い他、少しくすんだ赤です。硬度の差もあまりありませんが、チャートの方が硬いように感じます。

ただ、チャートの中で赤白の縞状、網目状、角張った塊が集まったような状態（角れき状）になっているものには、ケイ酸分が再結晶化して、一部が碧玉化している可能性があります。

赤色の赤碧玉の他、碧玉には、不純物として緑泥石を含む緑色の緑碧玉、褐鉄鉱を含む黄色の黄碧玉などがあります。

ちなみに、緑碧玉は弥生時代から利用されていたようです。島根県の玉造温泉近くで見つかった緑碧玉は「玉造石」や「玉造メノウ」と呼ばれますが、勾玉（まがたま）、管玉（くだたま）などの装身具や実用品などに使われていたことが、遺跡調査などで明らかになっています。これを展示しているのが、出雲玉作（たまつくり）資料館です。

碧玉　佐渡島の海岸（新潟県）、大きさ1cm

碧玉　七里長浜（青森県）、大きさ1cm

碧玉　須沢海岸（新潟県）、大きさ13cm

碧玉　板屋川（三重県）、大きさ4cm

いろいろな色の碧玉　玉造（島根県）、大きいもので3cm

語源

英名のJasperは、ペルシャ語のjashmやjashpからきているという。和名の「碧」は、「青碧」や「紺碧」などに使われ、青や緑を意味する。もともと碧玉という呼び名は、緑色で不純物の多い石英に使われていたようだ。

世界的にも珍しい

エクロジャイト Eclogite

赤色・緑色

岩石

エクロジャイトは、海底にあった玄武岩がプレートとともに沈み込み、低温下で強い圧力を受けて変化したものだとされています。ただ、アフリカなどではダイヤモンドを含むキンバーライトという火成岩に混じって出てくるので、マントル上部を構成する岩石であるともいわれています。世界的にも、ノルウェーやスコットランドなど、20か所くらいでしか見つかっていない、まれな岩石です。

エクロジャイト ノルウェー、大きさ7cm

そのような地球の深いところにあった石が、日本の愛媛県で、しかも赤石山といった高い山で見つかっています。

愛媛県新居浜市には、日本最大級の銅山、別子銅山の跡にできたテーマパークがあります。マイントピア別子です。ここからさらに南へ行き、トンネルで山を越えると、旧別子村に入ります。ここを東西に流れる川が銅山川です。その流域の瀬場という地域、別子山発電所の向かい側にあたるところに、下の写真のような、巨大なエクロジャイトの記念碑があります。

これは2001年に愛媛県で行われた、第6回国際エクロジャイト会議を記念して設置されたものです。一面がきれいに研磨されているので、含まれている鉱物の分布がよくわかります。

旧別子村の道脇にある巨大なエクロジャイト　愛媛県新居浜市、高さ約1.5m

石碑のエクロジャイト部分は、赤色のガーネット（柘榴石）と緑色の輝石でできていますが、岩石全体は「柘榴石緑簾石角閃石片岩」であるといわれています。この石碑の切断された残り半分が、ここからさらに2kmほど下流へ行ったところにある、別子山ふるさと館に展示されています。

この銅山川、そして近くの関川の川原でも、この石を探すことができます。暗い赤色から褐色をした石で、部分的に緑色が見え、さらに極端に重い石がエクロジャイトです。

エクロジャイト　関川（愛媛県）、大きさ20cm

エクロジャイト　銅山川（愛媛県）、大きさ25cm

語源

英名Eclogiteは、集まるという意味を含む。和名には、柘榴石と輝石からそれぞれの1字を取って「榴輝岩（りゅうきがん）」がある。

＊エクロジャイトは愛媛県の「県の石」

複数色の岩石

1mmにも満たない生き物が起こしたこと

多種類の色

ケイ酸質岩石

チャート Chert

このチャートも、川原でよく見かける石です。これは鉱物ではなく岩石に分類されますが、石英と同じく二酸化ケイ素でできていて、鉱物に近いものです。石英と同じように硬く、同じ堆積岩の砂岩や泥岩などより川原に残りやすいので、比較的多く見つかります。そのため、昔は火打ち石として利用されていました。ただ、すべての川原にあるわけではなく、よく見つかるのは、流域に中生代・古生代の地層が分布していた場合です。

チャート　木津川（京都府）、大きいもので2cm

硬い表面が磨かれたように、つるっとしています。また、形も不定形で、砂岩や泥岩のように丸いものは、あまりありません。色も赤色、褐色、茶色、黄土色、緑色、灰色、黒色と多様です。酸化鉄があったところなら赤っぽく、緑色の鉱物を有する粘土があったところなら緑色になるといったように違ってくるのですが、そもそも、チャートはどのようにしてできたのでしょうか?

主として、海の中に多く生息している放散虫というプランクトンがもとです。この生物は1mmにも満たない小さなもので、骨格は、二酸化ケイ素でできています。海に大量にすんでいるので、その死骸が雪のように海底に降り積もります。海岸から遠く離れた大洋の真ん中付近では、陸からの堆積物も運ばれてこないため、その場所での堆積物は、ほとんどこの生物の死骸ばかりになります。しかしこの生物は小さいため、大量に積もっても、

京都府を流れる木津川の川原。丸印がついているのがチャート。集めなくてもこれだけ多くある

1000年で1mmの厚さにしかならないという試算もあります。

このようにたまったものがプレートの移動に伴って海溝までやってくると、そこで陸からの堆積物と混ざり、深海底に「付加体」という堆積物を作ります。それが次第に陸側に押しつけられ、地殻変動などで陸上に顔を出し、山になります。地表に出るとまわりの砂岩や泥岩より硬いため、多くの場合、山の稜線（りょうせん）になるなど、凸地形を作りやすいのです。私たちが川原で見るチャートは、これが水などで運ばれたものです。

このチャートから放散虫の化石を取り出して年代を確定させる作業が1980年代に行われ、古生代の地層だと思われていたところが中生代だと判明するなど、日本列島の地史研究が大きく進みました。それは、この放散虫という小さな生物のおかげなのです。

語源

英名Chertは、shard（ガラス片や瀬戸物片）と似ていることからきている。和名として、かつては角岩（かくがん）や珪岩（けいがん）といった名前が使われたが、現在ではほとんど使われていない。

チャート（白い石は砂岩）　日高川（和歌山県）、大きなもので4cm

巻末付録

実際に探しに行くときには

Search

最後に、これから探しに行きたいという方に、お勧めの場所をご紹介します。ただし、「見つけ方の基本」(p.14) と併せてご参照いただき、以下のことによく注意してください。

- その場所が安全か、事前に情報を得ておく。落石の危険がある崖などの場所には近づかない。到着してからも、天候などの状況に異変があれば、すぐに退避する。
- 川原に行く場合は、増水などに十分気をつける。国土交通省の「川の水位情報」サイト (https://k.river.go.jp/) で、河川の主要地点における情報が確認できる。
- 海辺に行く場合は、突然の大波や津波のおそれがあるので、沖の様子や最新情報をこまめに確認する。
- 川原や海辺には日陰のないところが多いため、日よけをし、適度に休憩や水分を取り、熱中症などにならないようにする。
- 土地の管理者による許可が必要な場合は、許可を得ておく (予約や届け出などを行う)。採取が制限されている区域では、石を勝手にもち帰らないこと。

もっていくもの

- ☑ リュック (必要なものを入れ、両手をあけておく)
- ☑ 地図などの情報ツール
- ☑ ルーペ
- ☑ カメラ (接写機能があるもの)
- ☑ 作業用手袋 (軍手などでよい)
- ☑ 磁石 (家庭用マグネットでよい。鉱物の判定に役立つ)
- ☑ 飲み物、タオル、防寒具、虫よけスプレーなど

＊探す石によっては、紫外線ライトやスコップ、ふるい、パン皿もあるとよい。また、ハンマーやその使用時につける簡易ゴーグルをもっていく方法もあるが、扱いに注意が必要なので、上級者向き

＊服装は長袖に長ズボン、ハイキングに適した靴、帽子

歴舟川

アクセス クルマで行くのが便利。帯広・広尾自動車道の終点である忠類大樹ICで降り、広尾国道を南に行くと大樹町役場に出る。さらに国道を進み、歴舟川を渡ると、左手に「道の駅コスモール大樹」が見えてくる。以降は下記の通り。

探したい石 砂金

まずは「道の駅コスモール大樹」で、ユリ板とカッチャ（p. 59）を借ります（有料、10名以上は要予約）。場所は、そこからクルマで15分ほど行った、カムイコタン公園キャンプ場の横にある川原です。期間は6月から9月まで。

東北 ｜ 岩手県久慈市

大沢田川

アクセス 「久慈琥珀」施設内に屋外採掘場がある。公共交通機関の場合は、JR八戸線または三陸鉄道の久慈駅から、久慈市民バス「山根線」に乗り、「久慈琥珀博物館入口」で下車（他にも路線あり）。事前に連絡しておくと、バス停まで送迎してくれる。クルマの場合は、国道281号の大川目町の交差点で南に入ると、約2kmで着く。

探したい石 琥珀

久慈地方の琥珀は、古くから装飾品として採取されるほどで、いいものが産出しています。現在でもここの鉱山では琥珀を採掘しており、久慈琥珀博物館が併設されています。採掘が体験できる場所もあり、実際の地層をはいでいき、琥珀を探せます（有料）。期間は4月中旬から12月末前まで。時期によっては、予約が必要です。

関東 ｜ 茨城県常陸大宮市

久慈川

アクセス 公共交通機関の場合は、JR水郡線の中舟生駅で下車し、国道118号を北へ川に沿って約1km歩く。舟生橋を渡ると、すぐ左にキャンプ場があるので、その前の川原に出る。クルマの場合は常磐自動車道の那珂ICで出て、国道118号を北上する。中舟生駅付近を過ぎ、久慈川を渡ってすぐに左折。キャンプ場や家和楽農村公園があり、その奥から川原に出る。

探したい石 玉髄、メノウ、方解石、珪化木

久慈川上流の北富田地方は、古くからメノウの産地でした。新生代新第三紀の火山岩に含まれていたものが洗い出されたのでしょう。半透明の白いものが玉髄で、縞模様があればメノウです。ときどき珪化木も見つかります。

甲信越 ｜ 新潟県糸魚川市

姫川

アクセス 公共交通機関の場合は、JR北陸新幹線の糸魚川駅で下車、徒歩約30分。新幹線の線路に沿うように西へ進むと、姫川の堤防に出る。新幹線の鉄橋下辺りが探しやすい。クルマの場合は北陸自動車道の糸魚川ICで降りる。そのすぐ西を姫川が流れているので、川に沿って下流に向かう。

探したい石 蛇紋石、桃簾石、玉髄、メノウ、黄鉄鉱、碧玉

ヒスイがある川として有名ですが、近年はほとんど見つかりません。しかし、きれいな鉱物がいろいろ探せます。

小矢部川

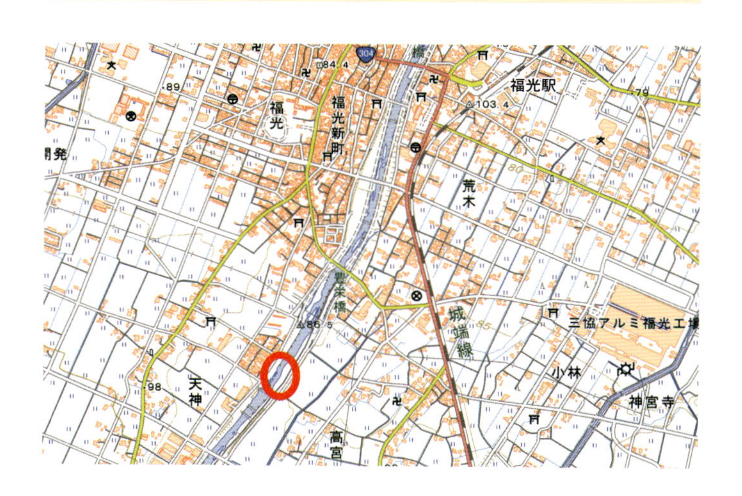

アクセス 公共交通機関の場合は、JR城端線の福光駅で下車。駅前から西へ200mほど歩くと、小矢部川に行き当たる。川に沿って上流へ向かい、三つ目の橋を過ぎ、400mほどのところで川原に出る。クルマの場合は、東海北陸自動車道の福光ICで降り、国道304号を北に進む。南砺警察署の手前で西に曲がると、小矢部川に行き当たる。橋の手前で堤防に沿って少し下流に行き、川原に出る。

探したい石 玉髄、メノウ、紅玉髄、碧玉

小矢部川の上流域には新生代新第三紀の火山岩が分布していて、その中に含まれる玉髄などが洗い出されてくるのでしょう。上記の他に、福光石と呼ばれるツルツルした石が見つかることがあります。球形に近い形で、淡い赤色をしています。

東海｜岐阜県下呂市

笹洞鉱山跡

アクセス　予約が必要なので、その際に集合場所を確認する。クルマで行き、教えてもらった場所に停めるのが便利。2019年現在、下記のツアーでは、上の地図で赤く示した公民館に集合し、林道などを進む。

探したい石　蛍石、玉髄、メノウ

笹洞には、かつて蛍石鉱山がありました。そのときのずりから蛍石を探せるツアーを、金山町観光協会が「ミネラルハンティングガイドツアー」として行っています（有料、要予約）。「じゃらんnet」（https://www.jalan.net/）の「遊び・体験」でも申込可能。期間は3月から10月まで。

| 近畿 | 京都府木津川市

木津川

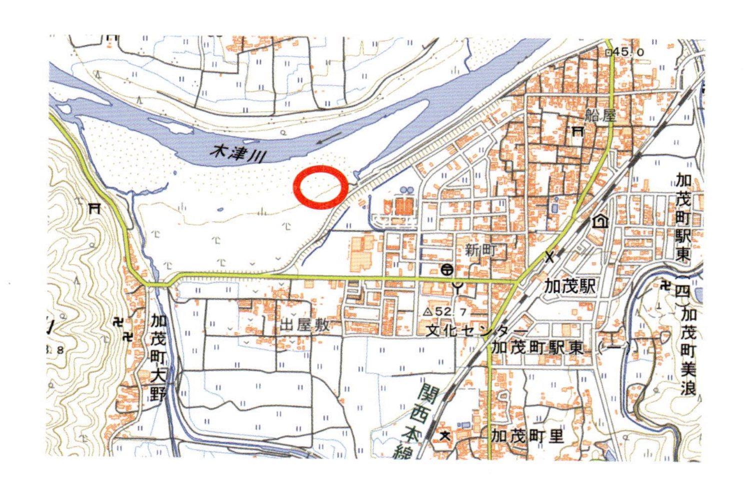

アクセス 公共交通機関の場合、JR関西本線の加茂駅で下車し、西に約15分歩くと堤防に出る。クルマの場合は、国道163号で、海住山寺口の交差点を南に向かい、恭仁大橋を渡って堤防上の道を下流へ向かう。

探したい石 菫青石、紅玉髄、ガーネット、紅柱石、針鉄鉱、鉄電気石、水晶

　木津川は流路が長く、いろいろな地質の中を流れてくるので、石の種類も豊富です。特に紅柱石や菫青石は、すぐ上流の山地に分布するので、きれいなものが見つかりやすいでしょう。

中国 ｜ 山口県岩国市

錦川

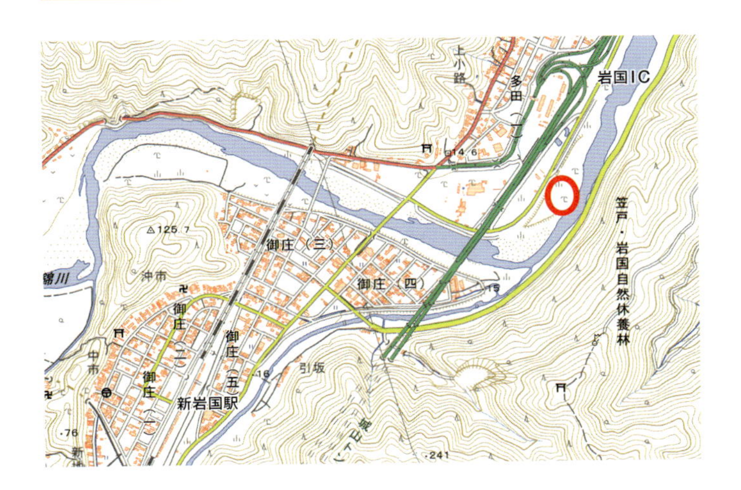

アクセス 公共交通機関の場合、JR山陽新幹線の新岩国駅または錦川清流線の清流岩国駅から、県道1号を北東に1～1.5km歩くと、錦川に行き当たる。橋を渡ってすぐの堤防を下流に500mほど進むと、川原に出られる。クルマの場合は、山陽自動車道の岩国ICを出て、すぐ左に曲がると錦川に行き当たる。

探したい石 菫青石、黄鉄鉱、菱マンガン鉱、水晶

錦川流域には、2億5000万年前から1億5000万年前の砂岩といった堆積岩や、2億年前の広域変成岩（泥岩や玄武岩だったもの）、約1億年前の花こう閃緑岩などが分布するため、さまざまな石があります。特に変成岩の中からいろいろな鉱物が見つかります。

四国　愛媛県四国中央市

関川

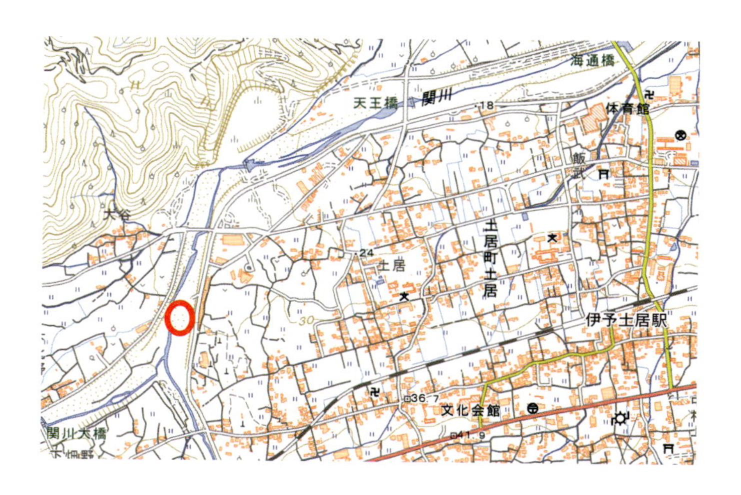

アクセス 公共交通機関の場合、JR予讃線の伊予土居駅から、徒歩で西に30分ほど行くと、関川の堤防に出る。上の地図で赤く囲んだ部分で川原に出ることができる。クルマの場合は、国道11号の中村交差点から北に入り、海通橋で関川の堤防に沿って、上流へ向かう。

探したい石 緑閃石、緑廉石、ガーネット、紅簾石、普通角閃石、エクロジャイト

関川の上流には結晶片岩地帯があり、その中に別子銅山で利用されていた含銅硫化鉄鉱床もあるため、川原にはいろいろな種類の石が散らばっています。それらの石の中にはさまざまな鉱物が含まれており、この川原だけでも多彩な鉱物を探せるのです。

九州｜鹿児島県指宿市

川尻海岸

アクセス 公共交通機関の場合、JR指宿枕崎線の薩摩川尻駅から、南へ30分ほど歩くと川尻海岸に出る。クルマの場合は、国道226号でJR指宿枕崎線の西大山駅付近の交差点から南に向かうと、川尻海岸に出る。

探したい石 かんらん石、砂鉄（磁鉄鉱など）

川尻海岸のすぐ西に位置する開聞岳は、薩摩富士ともいわれる美しい山容をしています。800年代に2度の噴火があり、現在の姿になりましたが、山体はほぼ玄武岩でできています。この中にかんらん石が含まれるため、海岸の砂から、かんらん石や磁鉄鉱が見つかります。

《参考文献》

草下英明/著『鉱物採集フィールド・ガイド』(草思社、1982年)

歌代勤・清水大吉郎・高橋正夫/著『地学の語源をさぐる』(東京書籍、1983年)

益富地学会館/監修『日本の鉱物』(成美堂出版、1994年)

日本鉱物倶楽部/編『地球の宝探し』(海越出版社、1995年)

地学団体研究会/編『新版地学事典』(平凡社、1996年)

堀秀道/著『楽しい鉱物図鑑2』(草思社、1997年)

大阪地域地学研究会/編『宝石探し』(東方出版、1998年)

渡辺一夫/著『川原の石ころ図鑑』(ポプラ社、2002年)

松原聰/著『日本の鉱物』(学習研究社、2003年)

大阪地域地学研究会/編『宝石探しII』(東方出版、2004年)

松原聰/著『鉱物ウォーキング』(丸善、2005年)

渡辺一夫/著『海辺の石ころ図鑑』(ポプラ社、2005年)

辰夫良二・くみ子/著『夫唱婦随の宝探し』(築地書館、2006年)

松原聰・宮脇律郎/著『鉱物と宝石の魅力』(ソフトバンク クリエイティブ<現SBクリエイティブ>、2007年)

松原聰/著『鉱物ウォーキングガイド全国版』(丸善、2010年)

青木正博/著『鉱物分類図鑑』(誠文堂新光社、2011年)

自然環境研究オフィス/著『天然石探し』(東方出版、2012年)

渡辺一夫/著『石ころ採集ウォーキングガイド』(誠文堂新光社、2012年)

ムック『鉱山をゆく』(イカロス出版、2012年)

渡辺一夫/著『日本の石ころ標本箱』(誠文堂新光社、2013年)

松原聰/著『鉱物ハンティングガイド』(丸善、2014年)

益富地学会館/監修『必携鉱物鑑定図鑑』(白川書院、2014年)

須藤定久/著『世界の砂図鑑』(誠文堂新光社、2014年)

キンバリー・テイト/著、松田和也/訳『美しい鉱物と宝石の事典』(創元社、2014年)

下林典正・石橋隆/監修『プロが教える鉱物・宝石のすべてがわかる本』(ナツメ社、2014年)

柴山元彦/著『ひとりで探せる川原や海辺のきれいな石の図鑑』(創元社、2015年)

さとうかよこ/著『世界一楽しい 遊べる鉱物図鑑』(東京書店、2016年)

柴山元彦/著『ひとりで探せる川原や海辺のきれいな石の図鑑2』(創元社、2017年)

柴山元彦/著『こどもが探せる川原や海辺のきれいな石の図鑑』(創元社、2018年)

《参考ウェブサイト》

地質図Navi（産業技術総合研究所）
https://gbank.gsj.jp/geonavi/

コトバンク（朝日新聞社、VOYAGE GROUP）
https://kotobank.jp/

地理院地図（電子国土Web）
https://maps.gsi.go.jp/

p.180～189に掲載した地図は、国土地理院の電子地形図（原図は2万5000分の1または20万分の1）に採取場所などを追記したものです。

あとがきにかえて

川原や海辺での鉱物探しをはじめて15年以上になりますが、同じ場所に何度行っても、いつも新しい発見があります。本当に自然は多様で、奥深さを感じる今日この頃です。

本書には川原で撮影した写真を多数掲載していますが、これらは野外講座などにいつも同行していただいた藤原真理さん、井上博司さん、白石由里さん、田井素雄さん、遠藤敦志さんの協力によるものです。放散虫の貴重な写真は、桑原希世子さんに提供いただきました。本書の編集にあたってはSBクリエイティブの田上理香子さんに大変お世話になりました。これらの方々にお礼申し上げます。

柴山元彦

サイエンス・アイ新書

SIS-439

https://sciencei.sbcr.jp/

身近な美鉱物のふしぎ

川原や海辺で探せるきれいな石、おもしろい石のルーツに迫る

2019年10月25日　初版第1刷発行

著　　者　柴山元彦
発 行 者　小川 淳
発 行 所　SBクリエイティブ株式会社
〒106-0032　東京都港区六本木2-4-5
電話：03-5549-1201（営業部）
組版・装丁　ごぼうデザイン事務所
印刷・製本　株式会社シナノ パブリッシング プレス

本書をお読みになったご意見・ご感想を
下記URL、右記QRコードよりお寄せください。
https://isbn.sbcr.jp/94061

©柴山元彦　2019 Printed in Japan　ISBN 978-4-7973-9406-1

SB Creative